JN079947

ルーツと特性を知れば
もっと好きになる

日本と世界の
犬種図鑑

Illustrated Encyclopedia of Dog
Breeds from Japan and the World

武内ゆかり 監修

ナツメ社

はじめに

INTRODUCTION

身体のサイズ、耳や顔の形、尻尾の長さ、被毛の色や状態、性格。犬を飼っている人はもちろん、外を歩いていて出会った散歩中の犬を見ているだけでも、犬には一頭一頭さまざまな違いがあることに気づくだろう。

犬は、あらゆる動物のなかでも、もっとも多くの容姿や性質を持っている動物とされている。それを分類したものが「犬種」である。現在、国際畜犬連盟に認められている犬種は355犬種。非公認の犬種も含めると、世界には700～800もの犬種が存在するといわれている。

本書では、そのなかから201犬種を取り上げ、ルーツや歴史、身体や性質の特徴を紹介する。トイ・プードルやチワワなど誰もが知っている人気犬種から、日常生活ではまずお目にかかれない世界の希少犬種まで。多様な魅力に、ぜひ触れていただきたい。

武内ゆかり

PROLOGUE

もっとも身近な動物「イエイヌ」

犬の祖先と人とが出会ったのは、人間がまだ狩猟中心の生活を送っていた大昔のこと。何世代にもわたって共に暮らすなかで、犬の容姿や性質は大きく変化した。
犬の祖先となる動物が人間と暮らし始めた歴史から、犬種の誕生、容姿のバリエーションまで。今、私たちの身近に暮らす「イエイヌ」についての基礎知識。

犬はどこからやってきた？

犬の祖先はオオカミだった？

　犬の祖先については諸説ある。オオカミやコヨーテ、それに近い動物などさまざまな説があり定かではないが、犬とオオカミが共通の祖先を持つ近縁種であることは間違いない。

　犬の祖先とヒトは、およそ1万年以上前からお互いに近くで生活してきた。その頃のヒトにとって、同じ獲物を奪い合う競争相手であり、毛皮や食料を目的とした狩りの対象でもあった。

　そうした関係のなかで、比較的穏やかな性質を持つものがヒトから餌を与えられてなつくようになったり、ヒトの住居の近くで食べ物をあさったりするようになって行動圏が近付いていき、やがて生活をともにするようになったと考えられる。

　これらの犬の祖先は、野生のオオカミに比べるとやや小型で、歯も小さく、ほっそりとした体型だったことが、出土した化石や骨からわかっている。

もとをたどればキツネやタヌキと同じ仲間

　犬は、生物学的には、キツネやタヌキ、オオカミと同じイヌ科に属し、タイリクオオカミの亜種とされている。

　イヌ科動物の特徴としては、走るのが速く、夜行性であり、地中の巣穴で子どもを育てることが挙げられる。また、表情や姿勢、尻尾の動き、声などを駆使して上手に意思疎通を図ることができる。

　イヌ科動物は、繁殖期以外は単独で行動するタイプと、群れを作って集団で生活するタイプに分けられるが、犬の祖先となった動物は、後者。リーダーに対する服従心や、高いコミュニケーション能力を備えているほか、群れの仲間と獲物を分け合ったり、協力して子育てにあたる習性も。集団生活をスムーズに送るために必要な能力を生まれ持って身につけていたことで、家族を基本単位とする人間との生活になじみやすかったと考えられる。

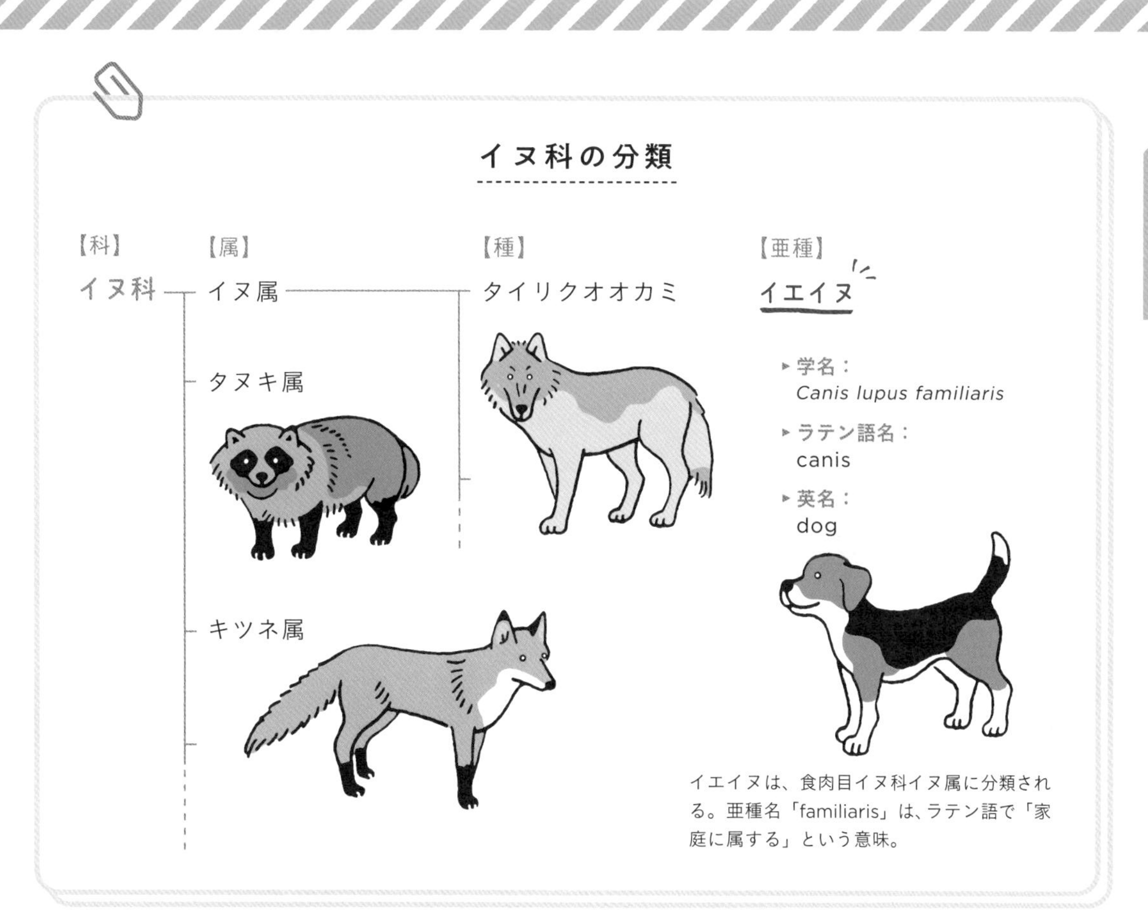

イエイヌは、食肉目イヌ科イヌ属に分類される。亜種名「familiaris」は、ラテン語で「家庭に属する」という意味。

家畜化された最古の動物「イエイヌ」

犬の家畜化は、人間がまだ狩猟や採集に頼っていた頃から始まったといわれる。弓矢を使った狩猟において、傷ついた獲物を追いかけたりしとめたりするのに、犬は大いに役立った。

何世代にもわたって飼いならされていくなかで、遺伝子の変異によって頭蓋骨のバランスや体格、被毛の色などが変化していった。紀元前3000～4000年頃にはすでに、サイトハウンドのようなすらりとした体型の犬や、大型のマスティフタイプ、短足の犬など、さまざまな大きさや容姿を持つ犬が現れていたという。

容姿だけでなく性格も変化した。人間と一緒に暮らすのに都合の良い性格の個体が選ばれて育てられるようになった結果、かつて獲物を狩るために必要だった攻撃性は抑えられ、穏やかで温和な性質になった。常に人間に守られ、外敵からの攻撃や飢えにさらされることがないため、成犬になっても子犬のような無邪気さが残っている。

犬の改良と犬種の誕生

目的に合わせてより役立つ動物へと改良

「犬を選択的に交配させ、より目的に合ったタイプの犬を作り出す」という試みは、太古の昔から行われてきた。紀元前9000年頃のシベリアの遺跡で発掘された犬の骨の調査によると、当時の人と暮らしていた犬たちは「ソリ引き用の犬」と「狩猟用の犬」に分けられ、繁殖されていたことがわかっている。

ローマ時代にはすでに、主な犬のタイプについて、それぞれの働きや特性が記録されていたといわれている。狩猟や牧羊、護衛、愛玩など、さまざまな役割に合う犬が選択交配によって作出され、飼育されていた。

さらに、13～15世紀頃には、ヨーロッパで猟犬の種類が急増した。貴族たちの間で、力や地位の象徴としての狩猟が盛んに行われるようになり、多種類の狩猟犬を用いるようになったためである。猟場の地形や獲物、狩猟スタイルが多様化し、それにともなって狩猟犬もまた多様化した。

犬が担ったさまざまな仕事

獣猟
クマやイノシシなどの大型獣や、アナグマやキツネ、ウサギなどの小型獣の狩猟を手伝った。

牧畜
羊をはじめ、牛や馬などの家畜の群れをまとめ、追い立て、害獣や盗賊から守った。

鳥猟
カモやヤマシギなどの水鳥の猟で、獲物を探したり、ハンターが撃った獲物を回収したりした。

害獣退治
主に農場や馬小屋で、ネズミなどの害獣を駆除する役目を担った。

荷物の運搬
山岳地帯など起伏の激しい土地で、荷車を引いて、重い荷物の運搬を手伝った。

警備や護衛
町や村などで主人やその財産を不審者から守る番犬、護衛犬として飼育された。

愛玩
貴族や王族など、上流階級社会で大切に飼育され、かわいがられることが仕事となった。

19世紀にたくさんの犬種が誕生した

犬の種類が「犬種」として確立されたのは、19世紀のことである。

その頃イギリスでは、自国にいた犬だけでなく、世界各地の犬をもとにしてさまざまな犬が作り出されていた。やがてイギリス人たちは自慢の愛犬を競い合うようになり、これが「ドッグショー」の起源となったといわれている。

世界で初めての組織だったドッグショーは、1859年にイギリスのニューキャッスルで開催された、猟犬の品評会。約60頭のポインターやセターが出陳された。

当初、審査基準がはっきり定められていなかったことからトラブルが多発したため、犬種ごとの体型や性格、被毛、毛色などの特徴を有した理想像を決め、「犬種標準（スタンダード）」として設定。ドッグショーでは、この犬種標準にどれくらい近付けられているかを比較審査することにした。今ある犬種のほとんどがこのタイミングで定められ、世に広く知られるようになった。

ドッグショーでは、実物の犬と理想像との比較を行うため、まったく違う体格や性質の犬どうしが競い合うこともある。

犬種の理想を守る人たち

ドッグショーの開催を支え、スタンダードを守るのが、犬種団体やブリーダーである。

犬種団体は、犬種の公認やドッグショーの管理を行う。世界初のドッグショー開催後、イギリスではショーの管理やルール作りのためにKC（ケネルクラブ）ができた。その後FCI（国際畜犬連盟）が創立され、独自の犬種グループ分けを設定。JKC（ジャパンケネルクラブ）もFCIに属するため、その犬種分けに従う。

ブリーダーは、スタンダードを基本とし、理想の犬を求めて時間と労力を費やし、繁殖を繰り返す。さまざまな犬種が外見や性質の特徴を損なうことなく続いていくのは、ブリーダーの努力によるところが大きい。

犬の身体の特徴と役割

身体のサイズと各部位の名前

大きさに正式な基準はないが、一般的には成犬体重10kg未満を「小型」、11～24kgを「中型」、25kg以上を「大型」とする場合が多い。体長や体高は、下記のように測定される。

スカル
頭蓋骨（後頭骨を除く）。

キ甲
肩甲骨の上部と第1、第2胸椎が接合する部分。肩のもっとも高い位置。

ストップ
両目間にある、鼻の骨と頭蓋骨の境目のくぼみ。

体長
胸骨端から坐骨端までの長さ。

マズル
鼻骨、鼻孔、両あごなど全体。口吻とも呼ぶ。

体高
キ甲から地面までの垂直距離。

前肢

後肢

超大型：グレート・デーン　など

大型：ゴールデン・レトリーバー　など

中型：ボーダー・コリー、バセット・ハウンド　など

小型：シー・ズー、ミニチュア・シュナウザー　など

超小型：チワワ、トイ・プードル　など

頭の形

頭部の形は大きく3種類に分けられる。

短頭種

額が張り出しマズルが短い。パグやブルドッグなど。

長頭種

額が狭く、マズルが細長い。サイトハウンドなど。

中頭種

短頭種と長頭種の中間にあたる。原始的な犬やダックスフンドなど。

耳の形と長さ

耳介が大きく、よく動き、可聴域は人間の4倍ともいわれる。さまざまな形状があり、名前がつけられている。

立ち耳

ピンと直立している。先端だけが前方に少し折れ曲がった耳は「半立ち耳」と呼ばれる。

垂れ耳

頭の横に垂れ下がっている。付け根から垂れる大きな垂れ耳は「ペンダントイヤー」と呼ばれる。

ローズイヤー

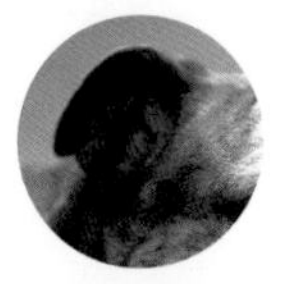

垂れ下がった部分が後ろ向きに倒れ、バラの花のように見える。

ボタンイヤー

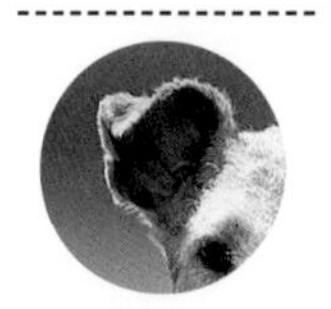

耳の先端が、前方に向かってV字型に折れている。

バットイヤー

横に広がり、コウモリの翼に似た形をしている。

毛色のバリエーション

同系色のなかでも多くの色調が存在し、とくに茶色はたくさんの種類に区別されている。多種類の色が入り交じるタイプにも名前がついている。

ブリンドル

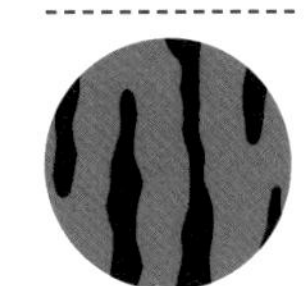

黒や茶などの色が、虎の縞模様のように現れている。

スポット

明るい地色の上に濃い色の毛が点々と現れている。

タン

やや赤茶色の毛色。目の上、マズル、胸元、足先などに現れ、「ブラック＆タン」「タンマーク」などと呼ぶ。

ハーレクイン

白地に不規則な大きさのまだら模様が入っている。グレート・デーンのみに現れる。

トライカラー

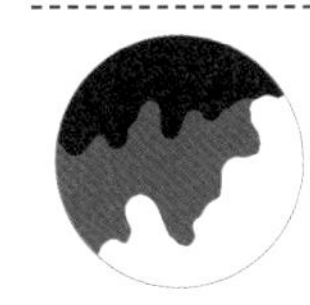

明確に区別できる３色の毛色を持つ。白地に1～２色の斑点があるものは「パーティーカラー」と呼ばれる。

セーブル

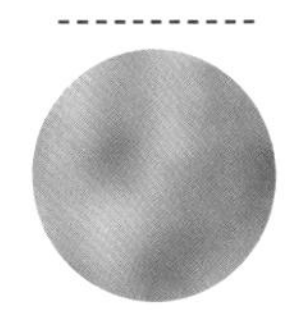

イエローやシルバーなどの地色のなかに、先端だけが黒い毛が部分的に交じっている。

マール

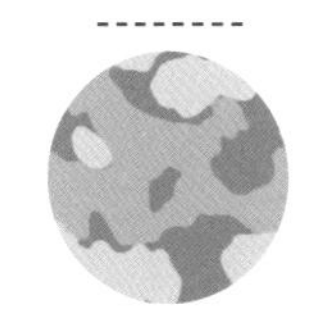

大理石のような不規則な縞模様を持ち、大抵は薄い地色に、地色より濃い斑点が入る。

被毛のタイプ

被毛の長さや毛質はさまざま。生え方は主に2種類に分けられる。
被毛がほとんどないタイプは「ヘアレス」と呼ばれる。

【長さ・毛質】

- **ロングコート**……長い被毛の総称。毛質はさまざま。
- **ショートコート**……短毛でやや硬めのまっすぐな毛質。
- **スムースコート**……短毛で光沢のあるなめらかな毛質。
- **ワイアーコート**……針金のような硬い毛質。
- **カーリーコート**……くるくると巻いた毛質。

【生え方】

- **ダブルコート**……硬い上毛(オーバーコート)と柔らかな下毛（アンダーコート）の２層からなる。
- **シングルコート**……上毛のみで、下毛がないタイプ。

尾の形

尻尾は身体のバランスを保つ役目を担い、その動きによって感情や意思を伝えるコミュニケーションツールでもある。

巻き尾

背中に向かって巻き上がっている。

立ち尾

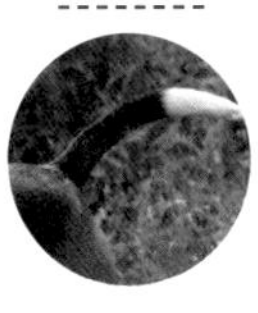

垂直にピンと立ち上がっている。

垂れ尾

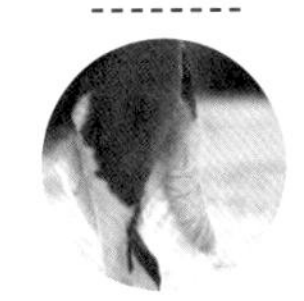

自然な状態で垂れ下がっている。

飾り尾

ふさふさしていて、長い毛が垂れ下がっている。

鎌尾

鎌のような曲線を描く。背中までは巻かない。

オッターテイル

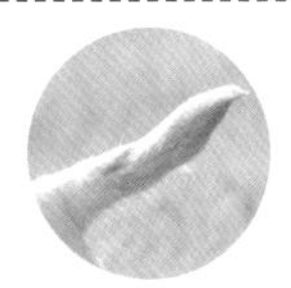

根元が太く、先端に行くほど細くなる。

ラットテイル

先端にいくほど毛がなくなり、細い。

この図鑑の使い方

基本データ

主に JKC「全犬種標準書」に記載の犬種情報より作成。

▸ 体重　▸ 体高
犬種標準に従い、理想とされているサイズを記載。

▸ カラー
犬種標準に従って記載。スペースの都合により省略して記載している犬種も。

犬種名

和名、英語表記はともに、一般社団法人ジャパンケネルクラブ（以下 JKC）が発行する「全犬種標準書」（犬種ごとに理想像を定めた文書）に従って記載。

暮らし方のアドバイス

JKC への登録頭数が多い犬種については、犬種ごとの行動特性をまとめたレーダーチャート（下記参照）等を参考に、飼育する際の注意点を記載。

犬種の説明

犬種のルーツ（起源）、改良や発展の歴史、容姿の特徴、性質について解説。また、犬種ごとに明らかな遺伝的疾患がある場合は明記。

パピヨン

PAPILLON

▸ 原産地	フランス、ベルギー
▸ 誕生	17 世紀
▸ 体高	28cm 以下
▸ カラー	白地であれば全ての色が可
▸ 被毛のタイプ	光沢がありウェービー。下毛はない

暮らし方のアドバイス

活発で遊び好き。散歩や運動はたっぷり必要。攻撃性も秘めているため、しつけは万全に。細い被毛が毛玉になりやすく、涙やけも起こしやすい。毎日の手入れが欠かせない。

蝶のような耳が名前の由来

ルーツと歴史

小型ゆえに「スパニエルナン（一寸法師のスパニエル）」と呼ばれた、スペインのスパニエルが祖先。フランスに入り、高値で取引されるように。上流階級でもてはやされ、貴婦人たちの肖像画に描かれるほど人気があった。

容姿と性質

パピヨンは、フランス語で「蝶」。華やかな飾り毛のある大きな耳が、蝶の羽に似ていることから名付けられた。小柄で華奢な容姿からおとなしいと思われがちだが、明るくやんちゃで好奇心旺盛。たっぷりかまってほしい甘えん坊。

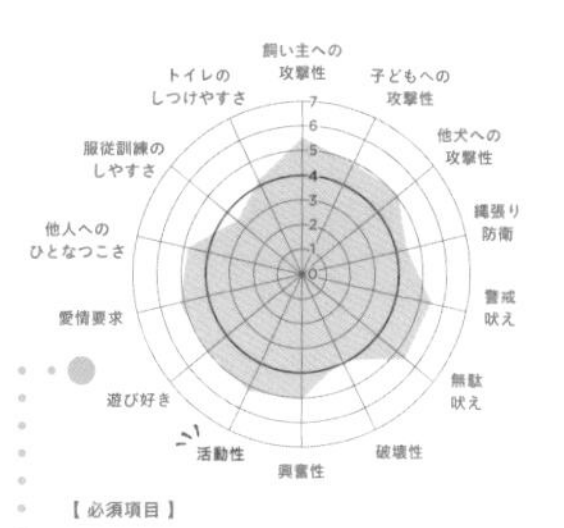

【必須項目】
▸ しつけ：
▸ お手入れ：
▸ 運　動：

（ 32 ）

レーダーチャート

2004 年 9 月に日本獣医動物行動研究会メーリングリストメンバーへの呼びかけから始まった調査より作成。調査では、JKC が公表した登録頭数（1999 〜 2003 年の平均値）をもとに頭数の多い 56 犬種を選択。全国の獣医師 96 名に、ランダムに選択された 7 犬種をそれぞれ割り当て、14 項目において行動特性の評価を得た。※調査に参加した獣医師の概要、各項目の数値は P206 に記載

必須項目

飼育する際に特に重要となる 3 項目の必要度合について、5 段階で評価。

- ▸ しつけ：トイレなどの生活ルールを覚えさせるしつけ、他の人や生き物に慣れさせる社会化トレーニングなど。
- ▸ お手入れ：被毛、耳、目など、家庭で行うべきホームケア。
- ▸ 運動：散歩、身体を使う遊びなど。

CONTENTS

PART / 1

かわいくて心をいやす
家族の一員

愛玩犬

かわいがられ、愛されることを仕事としてきた犬たち。
もともとは上流階級で寵愛を受ける犬だったが、今では
世界中の家庭でペットとして人気がある。
トイ・プードルやチワワ、フレンチ・ブルドッグなど、
一般的によく知られている人気犬種が多く含まれる。

COMPANION AND TOY DOGS

愛玩犬とは

ひたすら愛されること、抱かれたりなでられたりしてかわいがられることを仕事としてきた犬たち。狩猟や牧畜などを手伝う犬たちとは一線を画し、室内で大切に飼育された。労働力としてではなく愛玩目的で犬を持つことができたのは裕福な人々に限られていたため、貴族や王族、寺院など、世界中の上流階級において定着し、犬種として発展した。

その性質や飼育スタイルは、現代社会におけるペットとして適しており、人気犬種も多い。

POINT 2

比較的おとなしい

野生動物として本来持つ攻撃性は抑えられ、おとなしく、穏やかな性質が伸ばされてきた。人間に対して多くの愛情を求め、たっぷりとかまわれることを喜びとする。

POINT 1

サイズが小さい

抱き上げたりひざの上にのせたりしやすいようコンパクトに改良された。本来小型の犬種もいるが、中型や大型犬種から突然変異として生まれた小さな個体をもととして作出された犬種も。

抱かれてひたすらかわいがられるのが仕事。「膝犬」や「抱き犬」とも呼ばれた。

一緒に寝ることを許されて「ベッド温め犬」としても重宝された。

POINT 3

愛らしい見た目

大きな目、丸くて平たい顔、ふわふわとした被毛など、人間の「かわいがりたい」という欲求をくすぐる外見が特徴。小柄な身体と相まって、成犬でもまるで子犬のように見える。

プードル

POODLE

▸ 原産地	フランス
▸ 誕生	16 世紀
▸ カラー	ブラック、ホワイト、ブラウン、グレー、フォーン
▸ 被毛のタイプ	巻き毛、または上毛と下毛が絡み合った縄状の被毛

Memo

賢さゆえに、サーカスドッグやトリュフを探すきのこ探知犬などさまざまな仕事で活躍。

バリエ豊かな容姿と賢さが大人気

ルーツと歴史

プードルは、ドイツ語で「水しぶきを立てて進む」という意味の「pudeln」に由来する。ドイツで水鳥猟を手伝っていた犬をルーツに持ち、古くからヨーロッパ各地にいたといわれている。とくにフランスでの人気が高く、国を代表する「ナショナル・ドッグ」とされた。

最初に改良されたのは、大型のスタンダード・プードル。その後フランスやイギリスで小型化が進んだ。日本の犬種団体では、スタンダード（体高45 ～ 60cm程度）、ミディアム（体高35 ～ 45cm程度）、ミニチュア（体高28 ～ 35cm程度）、トイ（体高24 ～ 28cm程度）と、4段階のサイズが認められている。

容姿

密生した巻き毛が特徴。バリエーション豊かな毛色と扱いやすい毛質のおかげで、さまざまなトリミングスタイルが楽しめる。

顔や四肢の被毛を部分的に剃った独特のスタイルは、水鳥猟の際に水中で行動しやすいよう、腰のあたりの被毛を短く刈り込んだのが始まり。

ブラックからフォーンまで毛色のバリエーションが豊富。

性質

知能が高いといわれ、北欧では「プードルのように賢い」という表現があるほど。攻撃性が低く、飼いやすい犬種として人気がある。人に対して忠実に従い、訓練もよく覚える。警察犬として活躍したり、アジリティなどのドッグスポーツに出場する犬もいる。

人気の高さゆえに、乱繁殖が行われ、身体的な遺伝疾患を持っている場合がある。信頼できるブリーダーから迎えるようにしたい。

部分的に剃ったスタイルは芸術的。

暮らし方のアドバイス

よくなつき、初心者にもおすすめ

訓練をよく覚え、ひとなつこいので、初めて飼う犬種としてもおすすめ。愛情要求は高い。散歩や遊びでたっぷりかまってあげたい。

毛量が多く伸びが早いのでこまめにトリミングを。耳の中が蒸れやすいのでケアも必須。

【必須項目】

- しつけ：●●●●○
- お手入れ：●●●○○
- 運　動：●●●●○

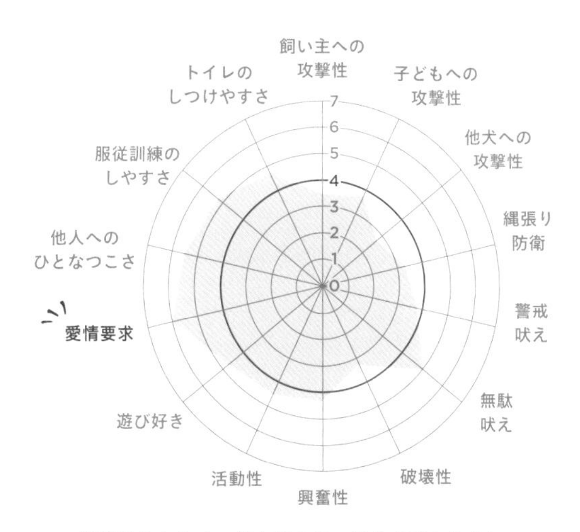

無駄吠えしやすい傾向がある。子犬の頃からのしつけと、運動によるストレス発散で防ごう。

※レーダーチャートの数値は「トイ・プードル」の場合

チワワ

CHIHUAHUA

▶ 原産地	メキシコ
▶ 誕生	19 世紀
▶ 体重	1 〜 3kg
▶ カラー	マール以外の全ての色調、組み合わせ
▶ 被毛のタイプ	スムースコート、ロングコート

Memo

マルタ共和国にはよく似た「ケルブ・タル・ブ（Kelb Tal-But）」と呼ばれる小型犬がいる。

世界最小。誇り高く勇敢な犬種

ルーツと歴史

メキシコのシンボル的犬種。その名の通り、同国のチワワ州が原産。そのルーツは謎めいていて、先住民たちがもともと飼育していた小型犬から作出された説、アジアからの移入犬種がメキシコの土着犬種と交配し生まれた説、メキシコへ侵攻したスペインから持ち込まれた説など、諸説ある。

古代メキシコでは神聖な犬として扱われ、神事の祭祀にも使われていたとか。1900 年代初頭にアメリカへ持ち込まれ、他犬種の血統の導入を経て、犬種として確立。以後、各国へ普及。2000 年代には小型犬ブームに乗り、人気犬種に。寿命は長く平均12 〜 16 年。

容姿

とても小柄。リンゴのような丸い頭部に大きな耳、短く尖ったマズル、大きな目を持ち、印象的な顔つき。胴体は長く、四肢は短めで、前肢は非常に華奢。尾は長い。

光沢のある短い被毛のスムースコートと、軽くウェーブのかかった長い被毛のロングコートの2タイプがある。毛色はバリエーション豊か。ロングは耳と尾に飾り毛がある。

丸っこい頭部「アップル・ドーム」は魅力のひとつ。

性質

容姿とは裏腹に勇敢で、繊細な一面がある。気が強く、自分より身体の大きな犬にも向かっていく。独立心旺盛でしつけには時間がかかることもある。

動作は俊敏で活動的。寒さに弱く、体が震えやすい。飼い主に抱かれていても震えていることがある。興奮したり、緊張したりした際にも震える。また華奢なので骨折などにも注意。

暑さ寒さに気をつける。ケガに注意しつつ運動も必要。

暮らし方のアドバイス

気は強いが、身体は華奢で繊細

大きな目の周囲は涙やけしやすいのでこまめに拭き取るように心がけを。骨が細く、骨折しやすい。椅子やソファなどの高いところから飛び降りさせない。抱っこの後、地面に下ろす際はそっとやさしく。

【必須項目】

▸しつけ：
▸お手入れ：
▸運　動：

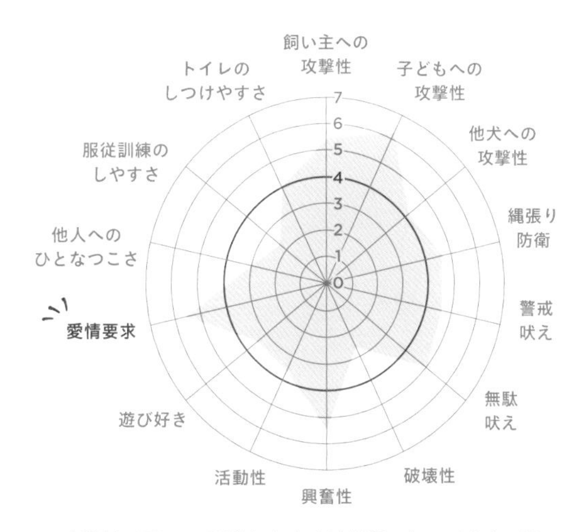

攻撃性は高め。興奮しやすく神経質。しつけもしづらい。しかし甘えん坊。気長に愛情を持って付き合おう。

フレンチ・ブルドッグ

FRENCH BULLDOG

▸ 原産地	フランス
▸ 誕生	19 世紀
▸ 体重	オス 9 ～ 14kg、 メス 8 ～ 13kg
▸ 体高	オス 27 ～ 35cm、メス 24 ～ 32cm
▸ カラー	フォーン、ブリンドル、およびそれぞれの毛色にホワイトの斑があるもの
▸ 被毛のタイプ	柔らかい短毛

Memo

荒っぽい仕事も任された庶民の犬から、宮廷画家に描かれる上流階級の人気者にもなった。

顔はごついが、天真爛漫で飼いやすい

ルーツと歴史

1880年代、パリの下町で、イギリスのブルドッグの祖先やフランスのマスティフの小型タイプなどの異種間交配により作出。そのため、英仏それぞれがルーツを主張している。当初は庶民の間で飼われ、闘犬やネズミ駆除などに使われていたが、個性的な容姿に人気が集まり、上流階級や文化人に広まった。

イギリスにも持ち込まれたが、耳の形がブルドッグらしくないと評価されなかった。フランスでも元のブルドッグに近い耳の形（ローズ・イヤー）の個体が好まれた。しかしアメリカでは大きな耳（バット・イヤー）を持つ個体が人気を集め、今日のスタンダードとなった。

容姿

コウモリを思わせる直立した耳を除いては、イギリスのブルドッグをコンパクトにしたような体型。短躯で広い胸部、太短い四肢。筋肉質で隆々としている。厳密にはブルドッグよりも引き締まった、逆三角形に近い胴体。尾は短い。きめ細かい短毛で光沢がある。毛色は各色のフォーン、ブリンドル、いずれかに白い斑が入ったもの、またはホワイト。

マスティフ系の荒っぽさは今では取り除かれ、家庭犬に向く。

性質

天真爛漫で複雑なところがない。ひとなつこく、甘えん坊。攻撃性が低く、初心者にも安心して勧められる。活動性は高く、遊び好き。十分遊ばせる必要があるが、短頭種なので、呼吸器に負担がかかる激しいスポーツは避ける。頑固な面があるのでしつけづらいことも。スタミナがあり、力強い。問題行動を起こさぬよう、訓練はしっかりと。

子犬の頃からフォトジェニックな姿にファンが多い。

暮らし方のアドバイス

呼吸器の病気に要注意

短頭種の例にもれず、激しい運動や過度の興奮、暑さは呼吸器に負担をかけ、病気の原因となる。くれぐれも注意を。顔のしわは蒸れやすく、不潔になりやすい。においや皮膚病を防ぐためにこまめに拭いてやり、清潔に保つ。

【必須項目】
- しつけ：1/5
- お手入れ：1/5
- 運動：3/5

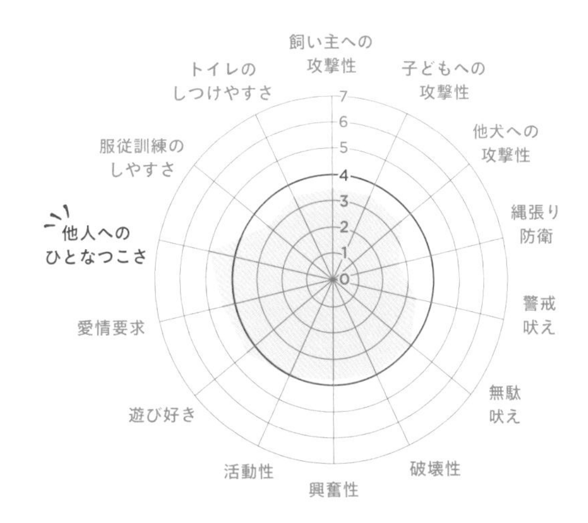

他人に対してもひとなつこい。これといって目立った問題点のない優れたコンパニオン・ドッグ。

マルチーズ

MALTESE

▸ 原産地	中央地中海沿岸地域
▸ 誕生	古代
▸ 体重	3 〜 4kg
▸ 体高	オス 21 〜 25cm、 メス 20 〜 23cm
▸ カラー	ピュアホワイト。淡いアイボリーも可
▸ 被毛のタイプ	光沢のあるシルク状の長毛。下毛はない

Memo

上流社会の犬として、かつては数千ドルという高値で売買されたこともあるという。

女王陛下もお取り寄せした純白の犬

ルーツと歴史

紀元前1500年頃、海洋貿易民族のフェニキア人がマルタ島に持ち込んだとされる。かつてはマルチーズ・テリアと呼ばれネズミ捕りとして飼われていたが、テリアではなくスパニエル系とミニチュア・プードルの血を引くといわれる。ルネサンス期にヨーロッパに広まり、宮廷や貴族の間で愛された。イギリスのヴィクトリア女王はわざわざマルタ島から取り寄せたという。また、長い航海をする船員や貿易商の愛玩犬としてもかわいがられた。

日本でも1960年代後半から1980年代前半までブームとなり、飼育登録頭数が連続トップとなった。

容姿

コンパクトなボディは絹のように光沢のある被毛で覆われ、貴族の愛玩犬らしい気品を漂わせている。シングルコートで、ピュアホワイトの被毛が地面に届くほど長く伸びる。

クリクリした大きな瞳と暗色の縁取り、黒い鼻が真っ白な被毛に映える。頭部は丸みを帯び、うっすらとイエローのマーキングが見られることも。昔から頭部の被毛にリボンを付けるスタイルが人気。

一度に生まれる子犬の数は、2～4頭と少なめ。

性質

安定した性格の持ち主で、明るく快活。長く人間にかわいがられてきた愛玩犬らしく、家族のことが大好きで一緒に行動することを好む。順応性が高く、新しい環境にもなじみやすい。

愛らしい外見からおとなしい犬種と思われがちだが、頑固な一面も持っている。しつけは欠かせない。

毛量たっぷり。全体的に短くするペットカットも一般的。

暮らし方のアドバイス

たっぷりかまって愛情に応えて

それほど活発に遊び回るわけではないが愛情要求は高いので、日頃からたっぷりかまって。

純白の被毛は、細くて毛玉になりやすい。長さにかかわらず丁寧なケアが必須。涙やけも目立ちやすいので、こまめに拭いてあげよう。

【必須項目】

- しつけ：3/5
- お手入れ：5/5
- 運動：3/5

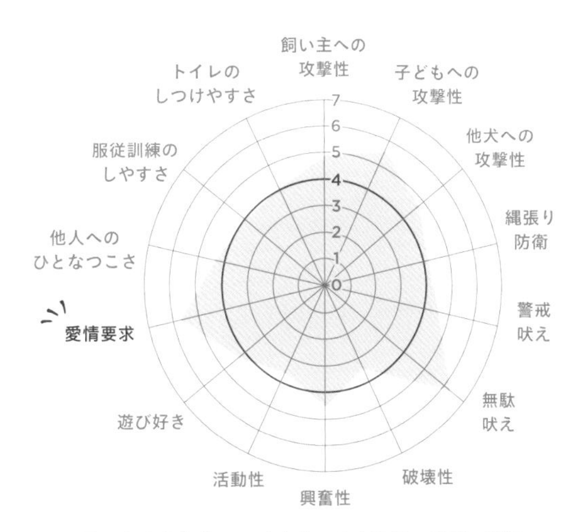

子どもや先住犬のいる家庭では攻撃性に注意。訓練能が低いので、しつけは根気よくしっかりと。

シー・ズー

SHIH TZU

▶ 原産地	チベット（中国）
▶ 誕生	17 世紀
▶ 体重	4.5 ～ 8kg
▶ 体高	27cm まで
▶ カラー	あらゆる毛色
▶ 被毛のタイプ	豊かなダブルコート

Memo

顔の被毛を菊の花びらに見立てて、別名クリサンスマム(＝菊)・ドッグとも呼ばれる。

中国皇帝の愛した小さなライオン

ルーツと歴史

17世紀頃、中国の小型犬ペキニーズ（P35）と、チベット僧侶の愛玩犬ラサ・アプソ（P41）から作られた。「小さなライオン犬」を意味する「獅子狗（シー・ズー・クウ）」と呼ばれ、神聖な犬として大切にされていた。中国皇帝にも献上され、寵愛を受けた。

1930年にはイギリスに持ち込まれた。当初は「チベタン・ライオン・ドッグ」と呼ばれていたが、後にシー・ズーと改名された。

アメリカには第二次世界大戦の帰還兵とともに渡ったとされる。一時はラサ・アプソと同犬種とされたが、1960年代に鼻の短い犬種はシー・ズーとして登録された。

容姿

たてがみのような豊かな被毛が特徴。色は多彩で、上毛は地面に届くほどまっすぐ伸び、下毛は巻き毛のこともある。同系のラサ・アプソが目を隠すように被毛を垂らすのに対し、目が人に見えるように頭部の被毛を髪留めやゴムバンドで結ぶことが多い。暗色の大きな目と上向きの鼻は愛嬌たっぷり。長毛に隠れてわかりづらいが、耳は大きく垂れている。

一般的には顔まわりを短くカットするスタイルも人気。

性質

活発で元気だが警戒吠えや無駄吠えは少ないので、集合住宅でも比較的飼いやすい犬種のひとつ。ひとなつこく順応性も高い。ほかの人や環境の変化が大きなストレスにはならず、性格が安定している。攻撃的ではないが頑固な面もある。しつけには根気と時間を要する。

短頭犬種の特性として呼吸器系の病気にかかりやすいので注意が必要。

毛色は成長するにつれ変化。濃くなったり薄くなったりする。

暮らし方のアドバイス

被毛や目のケアは入念に

全般的に落ち着きがあり、年配の人でも飼いやすい。被毛がもつれやすいので丁寧なケアが必須。また、大きな目にはゴミなどが入りやすい。異物が入っていないか、目のまわりの毛がかかっていないか気にかけてあげたい。

【必須項目】

- しつけ：1/5
- お手入れ：5/5
- 運動：2/5

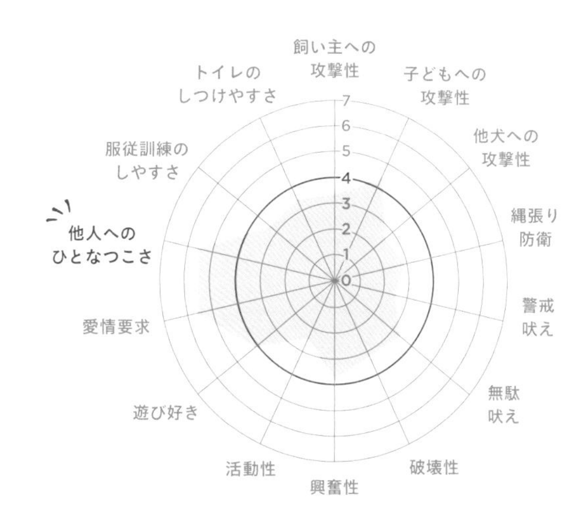

落ち着きがあるが、訓練能は低く、興奮すると攻撃的になることもある。しつけはしっかりと。

パグ

PUG

▶ 原産地	中国
▶ 誕生	古代
▶ 体重	6.3 〜 8.1kg
▶ カラー	シルバー、 アプリコット、フォーン、ブラック
▶ 被毛のタイプ	柔らかい短毛

Memo |

オランダの王族にスペインの侵略を警告したという言い伝えもある。

しわの寄った顔が愛嬌たっぷり

ルーツと歴史

パグという名は、ラテン語で「にぎりこぶし」を意味する「pugnus」に由来するという説が有力。深いしわの寄った頭部がにぎりこぶしに似ていることから名付けられたと考えられる。

紀元前からの歴史を持つといわれ、古くはチベットの僧院でも飼育されていた。15世紀頃に東インド会社によって中国からヨーロッパへ持ち込まれ、オランダやイギリスの貴族たちの間で一躍人気が高まった。有名どころでは、ナポレオンの妻ジョセフィーヌや、ロシアのエカテリーナ2世などが飼っていたことが知られている。19世紀には一旦人気が落ち込んだが、アメリカに輸入された後、持ち直した。

容姿

深いしわのある特徴的な額、短いマズル、大きく丸い暗色の目で、豊かな表情を見せてくれる。身体はコンパクトながら、がっしりと筋肉質で重量感がある。固く巻かれてねじれた尾もチャームポイント。

光沢のある短い被毛は、細かくなめらか。耳は、前方に折れる「ボタンイヤー」と後方に倒れる「ローズイヤー」（P8）の２種類。

わんぱくで陽気。「トイ・ドッグの道化師」とも呼ばれた。

性質

明るく社交的な性格で、人のこともほかの犬のことも好き。愛嬌たっぷりにふるまう一方、自分が納得いくまで動かない頑固な一面もある。意思がはっきりしているが、攻撃的になることはめったにない。自立心旺盛な態度も魅力のひとつといえる。

体型的にのどの病気にかかりやすい。呼吸やいびきの状態に注意したい。

耳垢がたまりやすい。こまめに掃除し、清潔に保って。

暮らし方のアドバイス

初めて犬を飼う人にもおすすめ

小型犬にしては落ち着いた性格で、犬を飼ったことのない人でも不安要素は少ない。たっぷり遊んで、かまってあげることが大切。しわの間に汚れがたまりやすいので、食餌の後には、しわの奥までやさしく拭き取って。

【必須項目】

- しつけ：●●●○○
- お手入れ：●●○○○
- 運　動：●●●○○

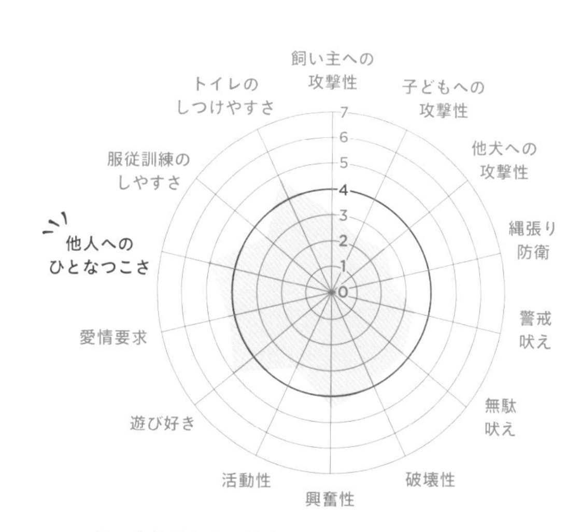

飼い主や子ども、他犬への攻撃性は低い。活動性は低いが、ひとなつこさや愛情要求、遊び好きは高め。

パピヨン

PAPILLON

► 原産地	フランス、ベルギー
► 誕生	17 世紀
► 体高	28cm 以下
► カラー	白地であれば全ての色が可
► 被毛のタイプ	光沢がありウェービー。下毛はない

暮らし方のアドバイス

活発で遊び好き。散歩や運動はたっぷり必要。攻撃性も秘めているため、しつけは万全に。細い被毛が毛玉になりやすく、涙やけも起こしやすい。毎日の手入れが欠かせない。

蝶のような耳が名前の由来

ルーツと歴史

小型ゆえに「スパニエルナン（一寸法師のスパニエル）」と呼ばれた、スペインのスパニエルが祖先。フランスに入り、高値で取引されるように。上流階級でもてはやされ、貴婦人たちの肖像画に描かれるほど人気があった。

容姿と性質

パピヨンは、フランス語で「蝶」。華やかな飾り毛のある大きな耳が、蝶の羽に似ていることから名付けられた。小柄で華奢な容姿からおとなしいと思われがちだが、明るくやんちゃで好奇心旺盛。たっぷりかまってほしい甘えん坊。

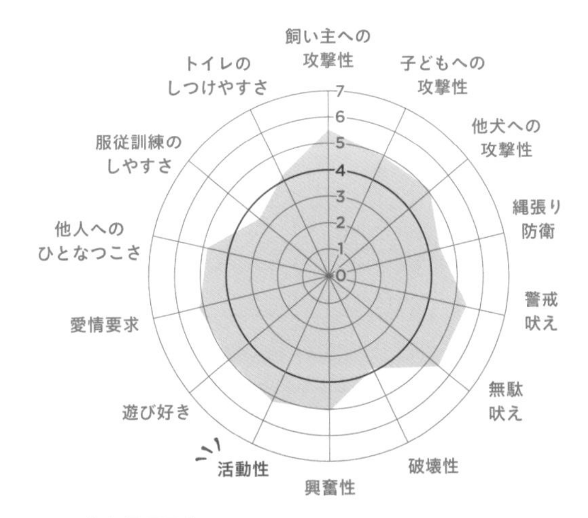

【必須項目】

► しつけ：

► お手入れ：

► 運　動：

ビション・フリーゼ

BICHON FRISE

▸ 原産地	フランス、ベルギー
▸ 誕生	15 世紀
▸ 体重	5kg 程度
▸ 体高	25 ～ 29cm
▸ カラー	純白
▸ 被毛のタイプ	とてもゆるいらせん状の巻き毛。ダブルコート

暮らし方のアドバイス

ほぼ非の打ちどころがない飼いやすさ。穏やかだが遊びも大好き。被毛は日々の手入れでふわふわを維持しよう。歯石がたまりやすく虫歯にかかりやすい。口内ケアを習慣づける。

キュートでおっとり。生粋の愛玩犬

ルーツと歴史

15 世紀、スペインからカナリー諸島に持ち込まれた小型犬が発展を遂げ、ビション・テネリフェという土着犬に。途絶えつつあったが、フランスとベルギーの愛好家が見出し、ビション・フリーゼとして復活させた。

容姿と性質

ふわふわとした巻き毛が頭部や四肢を覆い、こんもり丸っこいシルエットを形作る。まるで綿菓子のようにキュートな容姿。性格も容姿そのままに尖ったところがない。無駄吠えも少なく、おっとり。理想的な愛玩犬。

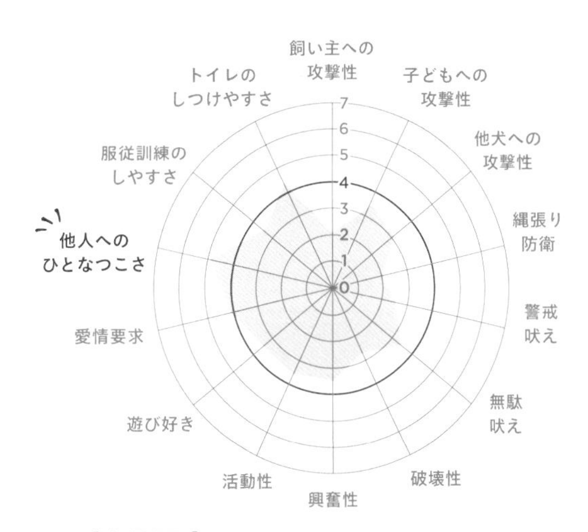

キャバリア・キング・チャールズ・スパニエル

CAVALIER KING CHARLES SPANIEL

▶ 原産地	イギリス
▶ 誕生	1920年代
▶ 体重	5.4～8kg
▶ カラー	ブラック＆タン、 ルビー、ブレンハイム（白地に栗色の斑）、 トライカラー
▶ 被毛のタイプ	シルク状の長毛

暮らし方のアドバイス

祖先は猟犬のため、警戒心が強く、無駄吠えすることも。早期にしっかりしつけたい。愛情要求が強い。たっぷりとかまってあげたい。適度に距離感を保ちメリハリも必要。

イギリス国王に深く愛された犬

ルーツと歴史

1800年代初頭、家庭犬として飼育されていたキング・チャールズ・スパニエルをもとに作出された。一般にスパニエル犬は猟犬であるが、他犬種と交配され、愛玩用として小型化していくうちに本来の魅力が損なわれたため、古典的な姿を取り戻そうと作られた。

容姿と性質

キング・チャールズ・スパニエルよりも大柄。マズルは長い。長く豊かな被毛が優雅。たくましく、活動的。社交性が高くものおじしない。子どもにも友好的なジェントルマン。

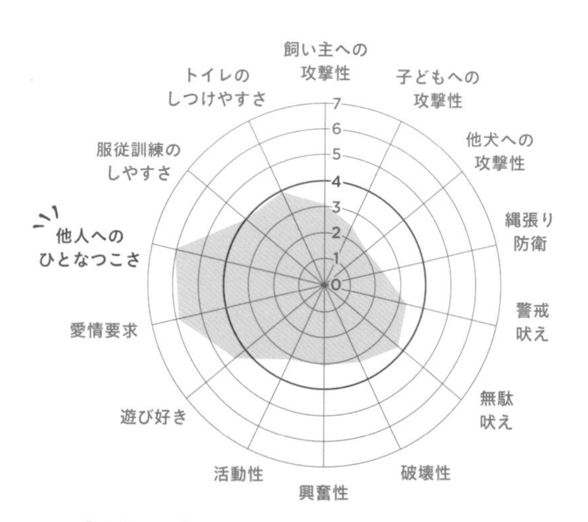

【必須項目】

▶しつけ：●●○○○
▶お手入れ：●●●○○
▶運　動：●●●○○

ペキニーズ

PEKINGESE

▸ 原産地	中国
▸ 誕生	古代
▸ 体重	オス 5kg まで、 メス 5.4kg まで
▸ カラー	あらゆる色
▸ 被毛のタイプ	長毛。厚い下毛のあるダブルコート

暮らし方のアドバイス

活動性が低く、室内でゆっくり過ごすことを好む。独立心が強いのでしつけは根気強く。絡まりやすい被毛は、こまめなブラッシングが必要。

優雅な佇まいで歴代皇帝を魅了

ルーツと歴史

中国の宮廷内で大切に育てられ、秦の始皇帝や西太后など歴代の皇帝に寵愛された。19世紀のアヘン戦争時にイギリスへ渡り、ヨーロッパに紹介され、世界中で親しまれるように。

容姿と性質

大きく丸い目と平らな鼻で愛くるしい表情を持つ。豊かなたてがみと長い被毛を横にゆらしながら進む優雅な歩き方は、「ローリング歩様」と呼ばれる。中国の伝説に、「ライオンと猿が結婚してペキニーズが生まれた」という話がある通り、王者の威厳と愛嬌を併せ持つ。

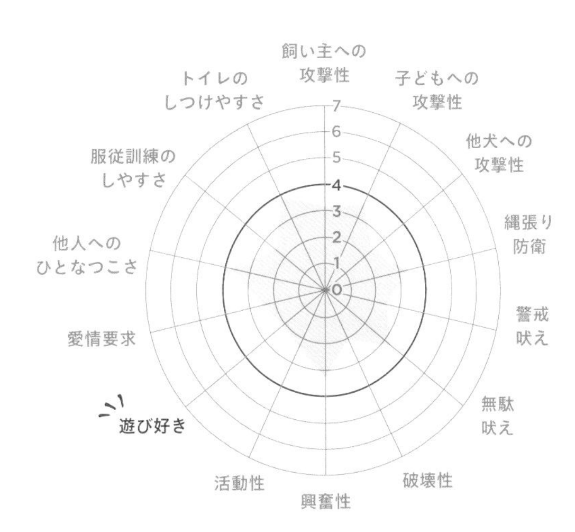

【必須項目】

▸ しつけ：
▸ お手入れ：
▸ 運動：

ボストン・テリア

BOSTON TERRIER

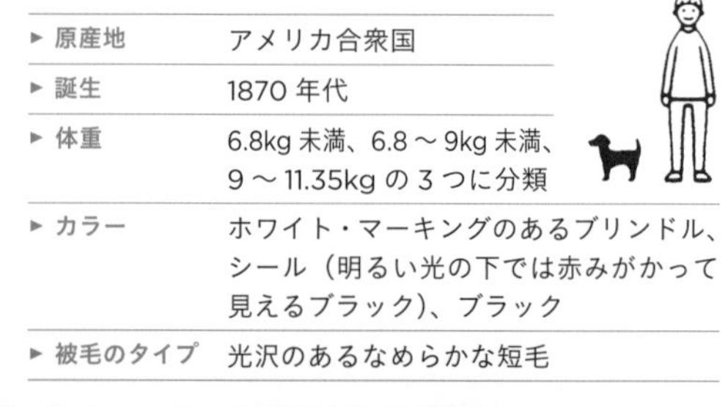

▸ 原産地	アメリカ合衆国
▸ 誕生	1870年代
▸ 体重	6.8kg未満、6.8～9kg未満、9～11.35kgの3つに分類
▸ カラー	ホワイト・マーキングのあるブリンドル、シール（明るい光の下では赤みがかって見えるブラック）、ブラック
▸ 被毛のタイプ	光沢のあるなめらかな短毛

暮らし方のアドバイス

小型だが活発で遊び好き。毎日の散歩や遊びは必須。利発で良好な関係を築きやすいが、飼い主への攻撃性がやや高いという報告もある。しつけは幼いうちからしっかりと。

タキシードのような毛色が魅力

ルーツと歴史

1800年代にアメリカのボストンで生まれた犬種。ブルドッグとブル・テリアとを祖先に持つ。当初は体重20kg以上もある大きな犬で「ボストン・ブル」と呼ばれていたが、改良により小型化。体重によって3種に分けられる。

容姿と性質

小型だが筋肉質。ブリンドルやブラックの毛色に、ホワイトの斑が入っているのが特徴で、白シャツにタキシードを羽織っているよう。テリアの血が入っているが攻撃性は低く、無駄吠えも少ない。集合住宅でも飼いやすい。

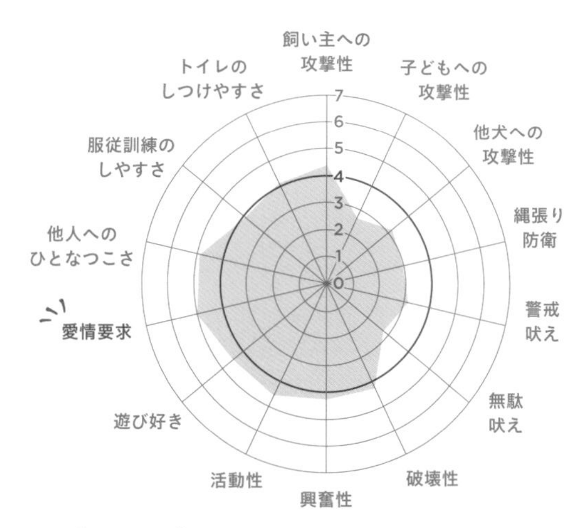

【必須項目】

- しつけ：●●●●○
- お手入れ：●○○○○
- 運動：●●●○○

狆

CHIN

▶ 原産地	日本
▶ 誕生	700 年代
▶ 体高	オス 25cm 程度、メスはオスよりやや小さい
▶ カラー	白地に黒または赤の斑
▶ 被毛のタイプ	まっすぐなシルク状の長毛

暮らし方のアドバイス

長い被毛は毛玉になりやすいので、特別な手入れが不可欠。活動性が低く、屋外を走り回るより室内で落ち着いて過ごすことを好む。年齢層が高い家庭でも比較的飼いやすい。

古今東西の上流階級で愛された

ルーツと歴史

奈良時代、聖武天皇治世下に新羅から贈られたとされる。江戸時代には大名や大奥で愛され、幕末にはペリーが連れ帰り、欧米の上流階級に広まった。英国ヴィクトリア女王の愛玩犬としても知られる。ジャパニーズ・スパニエルと呼ばれていたが、スパニエルの血が入っていないため、ジャパニーズ・チンと改名された。

容姿と性質

美しい被毛が特徴。短いマズルとクリクリした大きな目が愛らしい。従順でおとなしく、まさに「抱き犬」の名が似合う犬種。

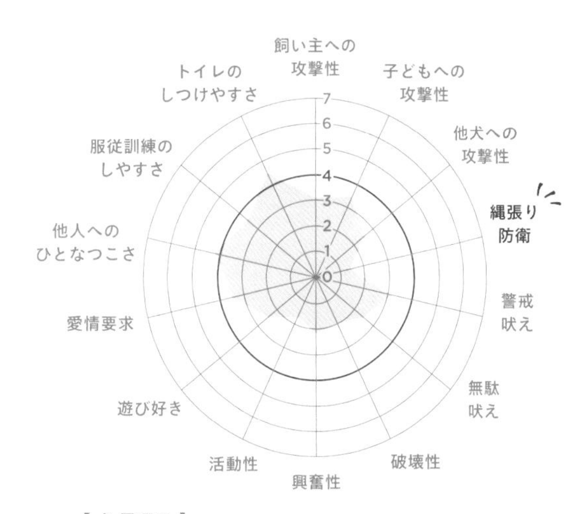

【必須項目】

▶ しつけ：
▶ お手入れ：
▶ 運　動：

チャイニーズ・クレステッド・ドッグ

CHINESE CRESTED DOG

▶ 原産地	中国
▶ 誕生	古代
▶ 体高	オス 28 〜 33cm、 メス 23 〜 30cm
▶ カラー	あらゆる色
▶ 被毛のタイプ	胴体には被毛がなく、足・頭部・尾のみに生えている。あるいは全身がベールのような被毛で覆われている

一風変わった冠毛が名前の由来

犬種名は、「中国人風のとさか（冠）のある犬」という意味。清朝時代の男子のヘアスタイルに似た冠毛を持つことに由来する。中国やアフリカ、メキシコなど、起源は諸説ある。

柔らかい被毛を持つ「パウダー・パフ」と、無毛のボディが特徴的な「ヘアレス」の2タイプ。暑さや寒さに弱く、皮膚が乾燥しやすいため、保温と保湿が欠かせない。ひとなつこく陽気な性質で、子どもにもよく慣れる。

ボロニーズ

BOLOGNESE

▶ 原産地	イタリア
▶ 誕生	中世
▶ 体重	2.5 〜 4kg
▶ 体高	オス 27 〜 30cm、 メス 25 〜 28cm
▶ カラー	ピュアホワイト
▶ 被毛のタイプ	柔らかな長毛。下毛はない

ふんわり真っ白な宮廷のアイドル

ルネッサンス時代、メディチ家をはじめとするイタリアの上流階級で、贈り物としてもてはやされた。宮廷画家の絵画にも登場している。

小型でずんぐりとした正方形の体型。綿のように真っ白で柔らかい被毛はわずかに縮れており、こまめにブラッシングをしなくてもふんわりとボリュームがある。

落ち着きがあり従順な性質。飼い主や近しい人との触れ合いを好み、よくなつく。

ブリュッセル・グリフォン

BRUSSELS GRIFFON

▶ 原産地	ベルギー
▶ 誕生	19 世紀
▶ 体重	3.5 〜 6kg
▶ カラー	レッド、赤みがかった色
▶ 被毛のタイプ	粗く硬い剛毛

すべて“ちょうどいい”ベルギーの名犬

ベルギーで古くから飼育され、厩舎や畑のネズミ駆除、馬車の警護など、生活に欠かせない存在だった。さまざまな犬種がかけ合わされ作出された結果、それぞれの血筋の良いところが活きたのだろう。人間との生活のどの場面においても仕事をそつなくこなす、バランスの取れたコンパニオン・ドッグ。

愛情深く、誇り高い。攻撃的ではないが警備は得意。快活で身体は頑健。

プチ・ブラバンソン

Irish Soft-Coated Wheaten Terrier

▶ 原産地	ベルギー
▶ 誕生	19 世紀
▶ 体重	3.5 〜 6kg
▶ カラー	レッド、赤みがかった色
▶ 被毛のタイプ	硬い短毛

ベルギーのグリフォン３種のひとつ

ベルギーにはブリュッセル・グリフォン、ベルジアン・グリフォン、そしてこのプチ・ブラバンソンの３犬種がいて、じつはみな同じ先祖犬から生まれている。要するに被毛の違いでしかないのだが、国によっては明確に独立した犬種として分けられている。

短毛で短いマズルがくっきりとわかる人間味を感じさせる顔立ち。性格と体質は、上記のブリュッセル・グリフォンとほぼ同様である。

ハバニーズ

HAVANESE

▸ 原産地	キューバ
▸ 誕生	18 世紀
▸ 体高	23 ～ 27cm
▸ カラー	フォーン、ブラック、ハバナ・ブラウン、タバコ、レディッシュ・ブラウン
▸ 被毛のタイプ	柔らかくウェービーな長毛。下毛はウール状で、ない場合もある

ピエロのように陽気な性格

地中海西端で生まれ、スペインやイタリア、キューバなどで改良が進められた犬種。やがてアメリカに渡り、愛玩犬として人気が出た。

絹のような手触りの被毛は、さまざまな毛色があり、波状や巻き毛などバラエティに富んでいる。温和で物覚えがよく、しつけもしやすいため、初心者でも飼いやすい。明るく愛情深い性質で、飼い主の気持ちをよく汲み取る。

遊び好きで、子どもがいる家庭にもおすすめ。

ベルジアン・グリフォン

BELGIAN GRIFFON

▸ 原産地	ベルギー
▸ 誕生	19 世紀
▸ 体重	3.5 ～ 6kg
▸ カラー	ブラック、ブラック＆タン
▸ 被毛のタイプ	粗く硬い剛毛

口まわりのひげがチャーミング

ベルギーにいた「Smousje」と呼ばれる小型犬を祖先とするグリフォン3種のうちの1種。ほかの2種とは、被毛の長さや色が異なる。ベルギー王室のマリー・アンリエット王妃に愛されたことから人気が広まった。身体のわりに大きめな頭で、成犬でも子犬のような印象。口まわりやあごに伸びたひげがチャーミング。

平和主義者でやさしい性格。小型犬ゆえに、それほど多くの運動は必要ないとされる。

チベタン・スパニエル

TIBETAN SPANIEL

▶ 原産地	チベット（中国）
▶ 誕生	17世紀
▶ 体重	4.1～6.8kg
▶ 体高	25.4cm程度
▶ カラー	あらゆる色
▶ 被毛のタイプ	シルク状のダブルコート

古代僧院で祈祷犬として活躍

イギリスの猟犬スパニエルの名を持つが、猟犬ではない。起源は定かではないが、1000年以上の古い歴史を持つ犬種。チベットの僧院では、経文の入った仏具を回す祈祷犬として大切にされた。ドーム型の頭部と垂れ耳を持ち、前肢はややカーブしているのが特徴。被毛は細くて柔らかく、羽毛のような尾が愛らしい。

性質は活発で賢く、大胆なところも。不審者を追い払い、人や財産を守る番犬にも向く。

ラサ・アプソ

LHASA APSO

▶ 原産地	チベット（中国）
▶ 誕生	古代
▶ 体高	オス25.4cm、メスはオスよりわずかに小さい
▶ カラー	ゴールデン、サンディ、ハニーなど
▶ 被毛のタイプ	硬く、豊かな直毛

中国皇帝にも献上された“神の犬”

チベット原産の古い犬種で、シー・ズーの直接の祖先。僧侶の間では、神の使いとして敬愛されてきた犬で、チベット仏教の最高指導者ダライ・ラマが代々、中国皇帝に献上していたといわれる。全身は長く硬い被毛で覆われ、神秘的な雰囲気。聴覚に優れ、番犬としても優秀。

性質は明るく活発で、飼い主に対して愛情深い。一方でシー・ズーよりも野性味が残っており、他人には容易に打ち解けない面もある。

コトン・ド・テュレアール

COTON DE TULEAR

▸ 原産地	マダガスカル
▸ 誕生	17 世紀
▸ 体重	オス 4 〜 6kg、 メス 3.5 〜 5kg
▸ 体高	オス 26〜28cm、メス 23〜25cm
▸ カラー	ホワイト
▸ 被毛のタイプ	綿のような長毛。下毛はない

温和で愛らしく家庭犬にぴったり

アフリカのマダガスカルで、古くから貴族の愛玩犬としてもてはやされてきた。マルチーズの親戚で、フランスのビション種の血を引く。コトン（＝綿）の名の通り、綿花のように白くふわふわの被毛を持つ。美しく保つには定期的なグルーミングが必要。頭部や耳などにわずかにグレーやイエローのマーキングが入る。

ひとなつこく、飼い主に忠実。幼児のいる家庭でも飼いやすい犬種のひとつ。

プラシュスキー・クリサジーク

PRAŽSKÝ KRYSAŘÍK

▸ 原産地	チェコ共和国
▸ 誕生	12 世紀頃
▸ 体重	2.6kg 程度
▸ 体高	21 〜 23cm
▸ カラー	タン・マーキングのあるブラック、ブラウン、ブルーなど
▸ 被毛のタイプ	スムースまたはミディアム・ロング

小さくても抜群の運動神経

クリサジークとはチェコ語で「ネズミ捕り」の意味。チェコ共和国で、馬小屋や納屋のネズミ捕り犬として活躍した。12 世紀頃から宮廷で貴族に愛されるようになり、ボヘミア王がヨーロッパ諸侯に広めたとされる。

世界一小さい犬種のひとつ。バネのような柔軟な筋肉と俊敏さで、素早く駆け回る。警戒心は強いが、家族には愛情深く穏やか。タン・マーキングのあるブラックが一般的。

チベタン・テリア

TIBETAN TERRIER

▶ 原産地	チベット（中国）
▶ 誕生	中世
▶ 体高	オス 35.6 ～ 40.6cm、メスはオスよりわずかに小さい
▶ カラー	ホワイト、ゴールデン、クリームなど
▶ 被毛のタイプ	直毛あるいはウェーブ状の長い上毛、ウール状の下毛

「幸せをもたらす」かわいい相棒

チベットの仏僧に愛され、「幸運の犬」として遊牧民に贈られていた犬。1930年代に英国の医師グレイグが連れ帰り、西洋に広まった。

引き締まった力強いボディと、豊かなダブルコートが特徴。名前にテリアが入っているが、テリア種ではない。

好奇心旺盛で人と行動するのを好み、一緒に外出や旅行も楽しめる。警戒心が強く、知らない人に吠えるため、番犬にも向く。

キング・チャールズ・スパニエル

KING CHARLES SPANIEL

▶ 原産地	イギリス
▶ 誕生	17 世紀
▶ 体重	3.6 ～ 6.3kg
▶ カラー	ブラック＆タン、ルビー、ブレンハイム、トライカラー
▶ 被毛のタイプ	シルク状の長毛

大きな黒い瞳がチャーミング

17世紀頃から多くのスパニエル犬がイギリス貴族の愛玩犬として大切にされていたが、なかでもチャールズ2世の寵愛を受けたトイ・スパニエルが、キング・チャールズ・スパニエルと名付けられた。現在の種は、狆（P37）などと交配して誕生したといわれている。

短いマズルと上向きの鼻は愛嬌がある。愛情豊かで、穏やかな性格。とくに飼い主とは強い絆で結ばれ、かけがえのない家族の一員になる。

COLUMN 1

個性的だがリスクも? デザイナードッグとは

「デザイナードッグ」とは、2種の純血種の交配によって作出された犬のこと。

先駆けとなったのは、1989年にラブラドール・レトリーバーと、プードル（スタンダード）の交配で作出された「ラブラドゥードル」。ラブラドール・レトリーバーの穏やかな気質と、抜け毛が少なくアレルギーがある人も飼いやすいとされるプードルの特徴を併せ持つ犬として誕生。犬種としての固定や登録を目指して、犬種団体も設立された。

今では、「チワックス」や「パグル」など、さまざまな人気犬種どうしの交配によるデザイナードッグが登場している。純血種とは異なる個性的なルックスに人気が集まりがちだが、犬種ならではの性格的な特徴や、遺伝性の疾患などを予測できないというリスクもある。

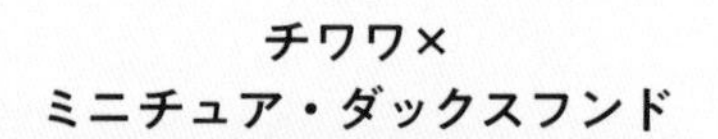

チワワ×
ミニチュア・ダックスフンド

チワックス

パグ×ビーグル

パグル

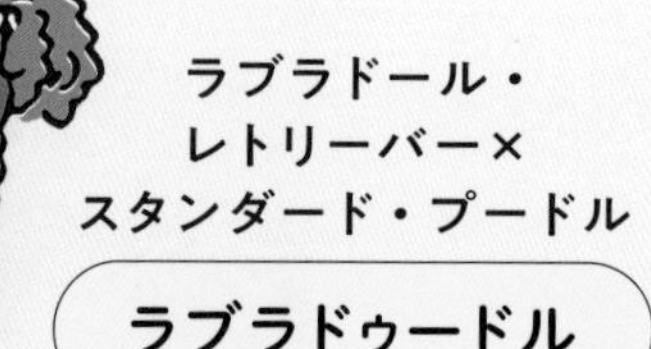

ラブラドール・
レトリーバー×
スタンダード・プードル

ラブラドゥードル

ほかにも「マルプー」（マルチーズ×トイ・プードル）、「コッカープー」（アメリカン・コッカー・スパニエル×トイ・プードル）、「ポンスキー」（ポメラニアン×シベリアン・ハスキー）など、さまざまな種類がある。

PART / 2

犬らしさ満点・
古代の犬の面影を残す

原始的な犬・スピッツ

大きく品種改良されることがなく、祖先となった野生動物の容姿や性質を色濃く受け継ぐ。昔は、力仕事や狩猟などで、人々の暮らしを手伝っていた。
今では家庭犬として人気のポメラニアンや、柴をはじめとする日本犬たちが、このタイプに含まれる。

SPITZ AND PRIMITIVE TYPES

原始的な犬・スピッツとは

スピッツとは、北ヨーロッパの言葉で「尖っている」という意味。アジアからシベリア、北欧にかけたユーラシア大陸にルーツを持つ。品種改良があまり進まず、形態や性質を大幅に変えることなく現代まで続いてきた犬種とされる。ヨーロッパや地中海沿岸で誕生した別のタイプの原始的な犬種もこのグループに含まれる。

ソリ犬や番犬（不審者を追い払い、人や財産を守る役目を担う犬）、猟犬として、現地の人々の暮らしを助けてきた。

POINT 1

オオカミにより近い

スピッツ種は、遺伝子的に犬の近縁種であるオオカミにより近いといわれている。外見だけでなく、性質や身体能力についても、オオカミに似た特徴が多くみられる。

ソリを引くなどの仕事で人々の暮らしを助けた。

POINT 2

尖った顔と立ち耳

スピッツ種は、その名の通り尖った耳とマズル（P8）が特徴。シベリアン・ハスキーなど寒い地域で飼育されていた犬種は、厳しい寒さに耐えうる豊かな被毛を持つ。

POINT 3

リーダーに忠実

群れのリーダーには忠実に従い、警戒心が強い。身体能力が高く、戦闘能力にも優れている。番犬として人々の生活を守り、狩猟では大型獣にもひるまず果敢に立ち向かった。

クマやヘラジカなど大型獣の狩猟で、獲物に吠えついて止める役目を担った。

ポメラニアン

POMERANIAN

▸ 原産国	ドイツ
▸ 誕生	19 世紀
▸ 体重	サイズにふさわしい体重
▸ 体高	21cm 程度
▸ カラー	ホワイト、ブラック、ブラウン、オレンジ、グレーの色調、その他の色
▸ 被毛のタイプ	長くまっすぐな上毛と豊富な下毛からなるダブルコート

Memo

1907年、マンチェスターで行われたドッグショーには500頭ものポメラニアンが登場したという。

超小型でも気の強さはピカイチ

ルーツと歴史

祖先は北方でソリを引いていたチャウ・チャウやサモエド（P55）とされる。ドイツのポメラニア地方で小型化された。スピッツ犬種のなかではもっとも小さいタイプ。

18世紀以降イギリスに持ち込まれ、ヴィクトリア女王が好んで繁殖させてショーに出陳したことから人気が沸騰。愛好家たちが競って改良を重ね、さらに小型でオレンジやホワイトセーブルなどの美しい色の被毛を持つ現在のタイプが作り出された。

1970年頃には祖国ドイツに戻り、ジャーマン・スピッツの一種としてドイツのケネルクラブに登録された。

容姿

祖先のサモエドは15kg程の大型の犬だが、ポメラニアンは成犬でも2～3kgほど。華奢な身体が可憐な雰囲気を漂わせている。頑健なソリ犬を祖先に持つとは思えないほど前肢は細く、骨のトラブルが多い。

毛量たっぷりのダブルコートは非常にもつれやすいため、毛玉ができないよう毎日の手入れが欠かせない。大きな目は魅力的だが、涙やけしやすい。こまめに洗って清潔に保つことが大切。

毛色はさまざまで、単色ならどんな色でも良いとされる。

性質

小柄なわりには気が強く、好奇心旺盛で、勇敢。スピッツの血を引く犬種らしく吠えることも。反射神経に優れ、攻撃性は高め。小型ながら番犬にも向く。

飼い主に対しては従順で、素直に従う。良い関係を築けば、愛情深く忠実なコンパニオンになるだろう。

子犬の毛色は成長につれて変化。約2年でフルコートに。

暮らし方のアドバイス

華奢な体型ゆえにケガに注意

前肢が細く、飛び降りたり滑ったりすると骨折しやすいので注意。被毛は毛玉になりやすく、こまめなブラッシングが必要。

甘えん坊の愛玩犬気質。しつけをしっかりし、攻撃性と無駄吠えを抑えることが大切。

【必須項目】

- しつけ：
- お手入れ：
- 運　動：

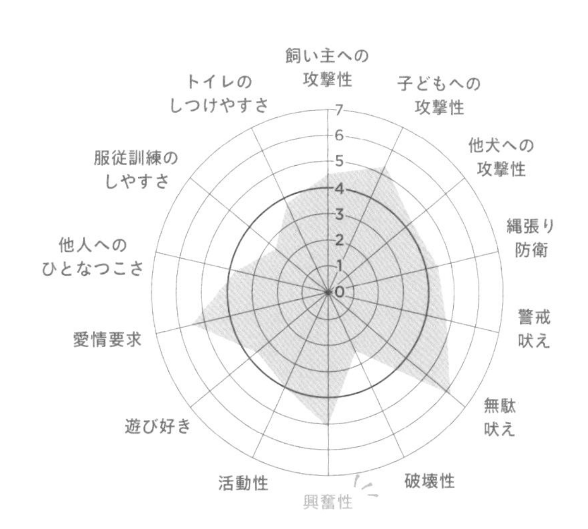

興奮性が高く、独特の高い声でキャンキャン吠える。小さいうちからしっかりしつけたい。

柴

SHIBA

▸ 原産国	日本
▸ 誕生	古代
▸ 体高	オス 39.5cm 程度、 メス 36.5cm 程度
▸ カラー	赤、黒褐色、胡麻、黒胡麻、赤胡麻
▸ 被毛のタイプ	硬くまっすぐな上毛と柔らかい下毛からなるダブルコート

Memo

「柴」は古語で「小さいもの」を表す。犬種として確立する前から小型の犬は「柴」と呼ばれていた。

今やワールドクラスの人気、世界の“Shiba”

ルーツと歴史

縄文時代、南方から日本列島に渡ってきた人々が連れていた犬が祖先。弥生時代に大陸からやってきた人々が連れてきた犬と交雑し、現在各地にいる日本犬種の基礎となった。

1800年代から始まった洋犬ブームに押され、絶滅の危機に瀕したが、愛好家の尽力で1934年に犬種として確立。1936年に天然記念物に指定。ひと口に柴といっても、各地に異なる特徴を示す土着の柴がいた。「縄文型柴」と呼ばれる古い犬の形質を備えたものや、とくに小型の個体を固定したタイプなども。

狩猟犬だが近年では家庭犬として人気で、海外でも秋田犬と同等かそれ以上の人気を誇る。

容姿

コンパクトだが、ほどよく引き締まった均整の取れた体格。骨格もしっかりと頑健。小さな三角形の目、尖った口吻、くるりと巻き上がった尾が愛らしい。幼犬のお尻の写真に魅了されるファンは多い。

柔軟だが堅固で発達した四肢は、かつて鳥獣を追い野山を駆け回っていたことを雄弁に物語る。あごの付け根から首は太くたくましい。

子犬は生後約10日で倍の体重になるといわれる。

性質

快活できびきび行動する。優秀な猟犬としての名残であろうか、とても勇敢。厳しい環境に耐え抜く我慢強さも備える。警戒心が強く番犬としても優秀。家族以外の人や他の犬、他の動物に対しては社交的とはいいがたい面がある。子どもがいる家庭は注意を。

一方で飼い主には忠誠を尽くす。とはいえ独立心も強い。しつけの手抜きは禁物。

原種に近い特徴を持つ「縄文型柴」は、キツネ顔が魅力。

暮らし方のアドバイス

本来は狩猟犬。それを忘れずに

しつけは重要である。ひと筋縄ではいかない頑固さも備えている。気軽に飼える犬種ではなかったが、近年はフレンドリーに改良され、良いペットとなる。活発で体力もある。ストレスをためないように十分な散歩が必須。

【必須項目】

- ▶しつけ：
- ▶お手入れ：
- ▶運　動：

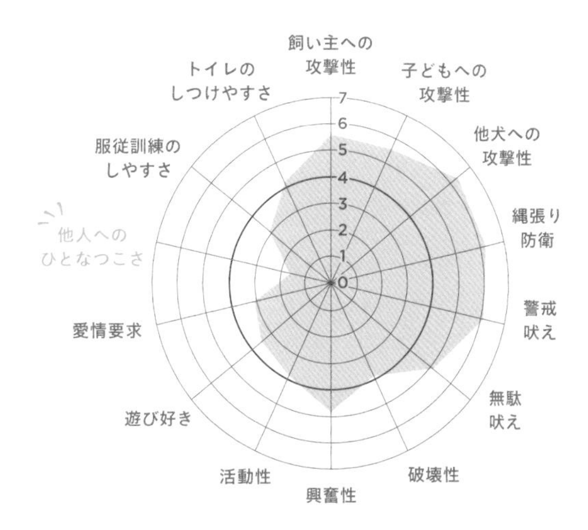

長らく狩猟目的で飼われていたことを忘れぬよう。攻撃性と警戒心が高い。しつけは必須である。

日本スピッツ

JAPANESE SPITZ

▶ 原産地	日本
▶ 誕生	1900 年代
▶ 体高	オス 30 ～ 38cm、 メスはオスよりやや小さい
▶ カラー	純白
▶ 被毛のタイプ	柔らかな上毛とまっすぐな下毛からなるダブルコート

暮らし方のアドバイス

吠えやすい犬というイメージを持たれがちだが、改良され、警戒心からくる無駄吠えの問題は少なくなった。早期からしつけをしっかり行いたい。

シベリアの血筋だが純粋日本育ち

ルーツと歴史

1900年代初頭、中国から移入された大型のジャーマン・スピッツ系（サモエドといわれている）の犬をもとに小型のものが作出された。1948年に犬種として確立。家庭犬として流行したが、無駄吠えが多く、人気が廃れた。

容姿と性質

優雅な純白の被毛をまとう。がっしりとした体躯。警戒心が高い。改良によりその性質は抑制されつつあるが、無駄吠えに悩む飼い主も。賢く聡明だが、攻撃性も秘める。独立心旺盛。態度がそっけなく見えることもある。

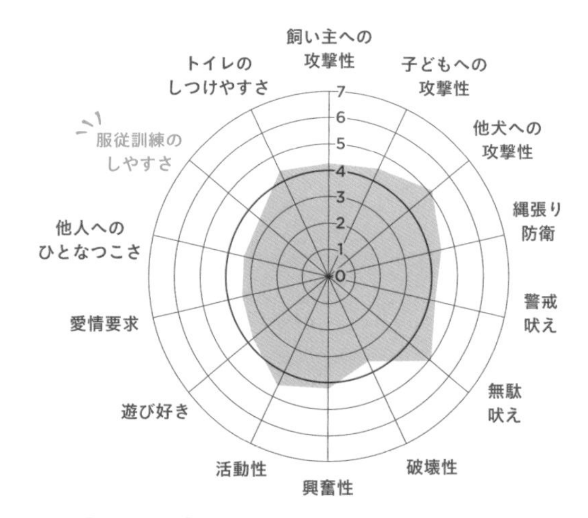

【必須項目】

▶しつけ：3/5

▶お手入れ：4/5

▶運動：4/5

シベリアン・ハスキー

SIBERIAN HUSKY

▶ 原産地	アメリカ合衆国
▶ 誕生	古代
▶ 体重	オス 20.5 ～ 28kg、 メス 15.5 ～ 23kg
▶ 体高	オス 53.5 ～ 60cm、 メス 50.5 ～ 56cm
▶ カラー	ブラックから純白までの全ての色
▶ 被毛のタイプ	やや硬めのまっすぐな上毛と柔らかい下毛からなるダブルコート

暮らし方のアドバイス

運動はたっぷり必要。訓練能は高くなく、飼い主に甘えるタイプでもない。問題行動を防ぐには子犬の頃からしつけを。寒冷地仕様の被毛を持つため、夏場の熱中症対策は万全に。

今も昔も犬ぞりレースの主役

ルーツと歴史

シベリア北東部のチュクチ族が飼っていたソリ犬がルーツ。スピードと耐久力に優れている。1925年、アラスカ北部でジフテリアが大流行した際には、犬ぞりリレーで治療薬を運んで多くの人命を救い、一躍人気者となった。

容姿と性質

遠吠えの声がしわがれていることが名前の由来。骨太でがっしりした身体つき。オオカミのように精悍で、顔にあるユニークな模様が日本人好みの個性豊かな表情を示す。友好的で感情表現がはっきりしている。

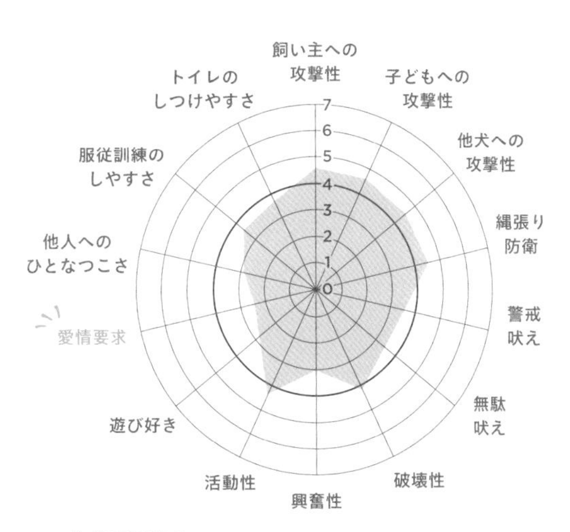

【必須項目】

▶ しつけ ：
▶ お手入れ ：
▶ 運　動 ：

秋田

AKITA

▶ 原産地	日本
▶ 誕生	17 世紀
▶ 体高	オス 67cm 程度、 メス 61cm 程度
▶ カラー	赤、虎、白、胡麻
▶ 被毛のタイプ	硬くまっすぐな上毛と柔らかい下毛からなるダブルコート

暮らし方のアドバイス

縄張り意識や飼い主を守ろうという番犬意識が強い。近年は穏やかな犬が増えたが、初めて会わせる人や犬に対しては注意したい。幼い頃からの服従訓練と、毎日たっぷり運動させることが必須。

今も渋谷で飼い主を待つ忠犬

ルーツと歴史

古くから東北地方で獣猟を手伝っていたマタギ犬が祖先。江戸時代に闘犬として大型化された。大正時代に犬種復興運動が起こり繁殖が進み、秋田と呼ばれるように。1931年、犬としては日本で初の天然記念物に指定された。

容姿と性質

日本犬ではもっとも大型。重厚で頑健、均整の取れた体格を持つ。飼い主への忠誠や愛情の深さは、東京・渋谷で銅像になった「忠犬ハチ公」の逸話でも知られる。警戒心が強く、訓練もしやすい。番犬にも向く。

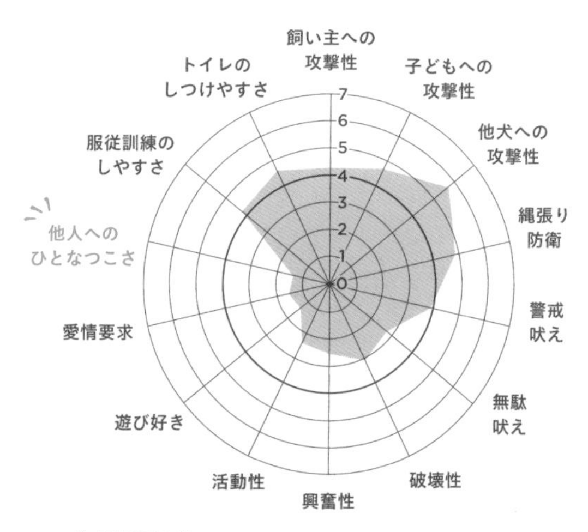

【 必須項目 】

▶ し つ け ：

▶ お手入れ ：

▶ 運　　動 ：

チャウ・チャウ

CHOW CHOW

▸ 原産地	中国
▸ 誕生	古代
▸ 体高	オス 48 〜 56cm、 メス 46 〜 51cm
▸ カラー	全体がブラック、レッド、ブルー、フォーン、クリーム、ホワイト
▸ 被毛のタイプ	ダブルコート

神秘的な「青い舌」を持つ東洋犬

誕生は紀元前150年にさかのぼるともいわれる、古い犬種。北方スピッツの血を引き、東洋にルーツを持つとされるが発祥は定かでない。中国では番犬やソリ犬、荷引犬として使役された。かつては食用や毛皮用とされたことも。

濃いブルー・ブラックの舌が特徴。18世紀末のイギリスでは、「青い舌の犬」として動物園で公開された。筋肉質の身体を持ち、スタミナも十分。頑固だが飼い主によくなつく。

サモエド

SAMOYED

▸ 原産地	ロシア北部、シベリア
▸ 誕生	古代
▸ 体高	オス 57cm 程度、 メス 53cm 程度
▸ カラー	ピュア・ホワイトかクリーム、または、ビスケットが入ったホワイト
▸ 被毛のタイプ	厚く、量のあるダブルコート

心をいやすサモエド・スマイル

名前の由来は北方アジアの遊牧民サモエド族。ソリ犬や牧羊犬として飼育されていた犬を、19世紀末に探検家が欧米に持ち込んだ。日本スピッツ（P52）の祖先でもある。

口角が上がっており、常に微笑んでいるように見える表情は「サモエド・スマイル」と呼ばれる。性質も陽気で穏やか。攻撃性が低く、落ち着いた性格で友好的。小さな子どもの遊び相手にもなる。

甲斐

KAI

▶ 原産地	日本
▶ 誕生	18 世紀
▶ 体高	オス 50cm 程度、 メス 45cm 程度
▶ カラー	黒虎、赤虎、虎
▶ 被毛のタイプ	硬くまっすぐな上毛と柔らかい下毛からなるダブルコート

野性味あふれる勇敢な「虎犬」

山梨県南アルプス山麓の甲斐地方でイノシシやシカ猟を手伝う狩猟犬だった。虎のような毛を持つことから甲斐虎、虎犬とも呼ばれる。1934 年に天然記念物に指定された。

がっしりした身体に細い頭部、ピンと立った三角耳など、野性味あふれる容姿を持つ。勇敢で機敏。運動神経も抜群。

警戒心は強いが性質は冷静沈着。飼い主やその家族には非常に忠実で、子どもにもやさしい。

四国

SHIKOKU

▶ 原産地	日本
▶ 誕生	古代
▶ 体高	オス 52cm 程度、 メス 49cm 程度
▶ カラー	胡麻、赤、黒褐色
▶ 被毛のタイプ	硬くまっすぐな上毛と柔らかい下毛からなるダブルコート

獣を追い疾走する山岳犬

古くから高知県の山岳地帯でイノシシ猟などに携わった中型犬。闘犬の土佐と同じルーツだが、中型の獣猟犬を四国と呼び区別している。1937 年に天然記念物に指定された。

俊敏で頑強、持久力に富む。闘争心が強くエネルギッシュに跳躍し、山岳地帯を疾走する。

毛先だけが黒い被毛によって、独特の胡麻のような色合いに。発達した筋肉と骨格、小さな目が特徴。気性は激しいが飼い主には忠実。

北海道

HOKKAIDO

▸ 原産地	日本
▸ 誕生	古代
▸ 体高	オス 48.5 〜 51.5cm、メス 45.5 〜 48.5cm
▸ カラー	胡麻、虎、赤、黒、黒褐色、白
▸ 被毛のタイプ	硬くまっすぐな上毛と柔らかい下毛からなるダブルコート

ヒグマも怖れぬ北の勇者

発祥は鎌倉時代。最古の日本犬種とされる。本州から北海道に渡り、アイヌ民族にヒグマなどの大型獣を狩る猟犬や番犬として飼育されていた、"アイヌ犬"。1937年に天然記念物に指定された。

筋肉質の身体、吊り上がった目じりが精悍な印象。酷寒を耐え抜くため分厚いダブルコートを備える。他人や動物には警戒心が強く荒々しい表情を見せるが、飼い主には忠実で従順。

アラスカン・マラミュート

ALASKAN MALAMUTE

▸ 原産地	アメリカ合衆国
▸ 誕生	古代
▸ 体重	オス 38kg、メス 34kg が好ましい
▸ 体高	オス 63.5cm、メス 58.5cm が好ましい
▸ カラー	ライトグレーからブラック、セーブルからレッド
▸ 被毛のタイプ	ダブルコート

無尽蔵のスタミナを誇るソリ犬

最古の北方ソリ犬の一種。アラスカ北西部で先住民マラミュート・イヌイット族とともに狩猟、漁猟を行っていた。種族名にちなみ命名されたといわれる。今も犬ぞりレースで活躍。

筋骨隆々でパワフル。重いソリを長時間引くスタミナと耐久力を備える。分厚い被毛が過酷な環境から身体を保護している。

活発で運動が大好き。オオカミのような風貌とひとなつこさのギャップが魅力。

バセンジー

BASENJI

原産地	中央アフリカ
誕生	古代
体重	オス 11kg、メス 9.5kg が理想
体高	オス 43cm、メス 40cm が理想
カラー	ピュア・ブラック＆ホワイト、レッド＆ホワイトなど
被毛のタイプ	なめらかな短毛

めったに吠えない優美なハンター

アフリカ、コンゴのピグミー族の猟犬が祖先とされ、獲物の追跡が得意。古代エジプト王の墓にも似た犬が描かれているという。めったに吠えず、まれにヨーデルのような独特の声を出す。引き締まった身体は短いシルク状の被毛に覆われている。前頭部のしわが作る、思慮深くやさしい表情も魅力。明るく活発で、好奇心旺盛。野性的な気質を抑えるためにも、幼いうちから人との生活に慣らすようにするとよい。

紀州

KISHU

原産地	日本
誕生	古代
体高	オス 52cm 程度、メス 49cm 程度
カラー	白、赤、胡麻
被毛のタイプ	硬い上毛と柔らかい下毛からなるダブルコート

素朴さと気品を備えた天然記念物

紀元前からいた中型犬がルーツ。紀州地方（和歌山県・三重県）の山岳地帯で、イノシシやシカを狩る獣猟犬として活躍。頑健でバランスの取れた身体つきに引き締まった顔立ち。素朴ながら、気品と威厳のある佇まいが特徴。被毛は、かつては胡麻が多かったが、現在は白色が主流。1934年に天然記念物に指定された。

飼い主に対して忠実で従順。警戒心と忍耐心が強く、困難にも立ち向かうガッツを持つ。

キースホンド

KEESHOND

▸ 原産地	ドイツ
▸ 誕生	16 世紀
▸ 体重	サイズにふさわしい体重
▸ 体高	49cm 程度
▸ カラー	グレーの色調
▸ 被毛のタイプ	硬い上毛と厚い下毛からなるダブルコート

丸い眼鏡模様がチャーミング

オランダで古くから農場の番犬や、運河に停泊する船の番犬として活躍し、「はしけ犬」と呼ばれていた。18世紀のオランダ愛国党党首のニックネーム「キース」が名前の由来だという説がある。愛国党が不遇の時代にも密かに繁殖が続けられ、約200年間にわたり容姿を変えていない。ウルフグレーの豊かな被毛と眼鏡をかけたような目元の模様が特徴。賢く愛情深い性質で、家庭犬としても愛されている。

アメリカン・アキタ

AMERICAN AKITA

▸ 原産地	日本
▸ 誕生	2000 年代
▸ 体高	オス 66 ～ 71cm、 メス 61 ～ 66cm
▸ カラー	レッド、フォーン、ホワイトなど
▸ 被毛のタイプ	硬い上毛と厚い下毛からなるダブルコート

海を渡り独自に発展した大型犬

秋田地方の闘犬、秋田マタギ犬が祖先。四国の土佐やマスティフ、ジャーマン・シェパード・ドッグなどとの交配が行われていた。終戦後、進駐軍関係者が交配の影響が色濃く残るタイプをアメリカに持ち帰ったところ、その優れた適応能力で人気に。重厚感のある骨太の体格に威厳を漂わせながらも、つぶらな瞳が愛らしい。

警戒心が低く、穏やか。家族に忠実でひとなつこい性格。他の犬とも仲良くできる。

イビザン・ハウンド

IBIZAN HOUND

▶ 原産地	スペイン （バレアレス諸島）
▶ 誕生	古代
▶ 体高	オス 66 ～ 72cm、 メス 60 ～ 67cm 程度
▶ カラー	ホワイト＆レッド、またはホワイトかレッドの単色
▶ 被毛のタイプ	ラフ、スムース

特技は躍動感あふれるジャンプ！

元は古代エジプト王族が用いた狩猟犬。地中海交易でスペイン領の島々に持ち込まれ、そのひとつのイビザ島が名前の由来とされる。流線形の身体にスラッと伸びた脚を持ち、目とほぼ同じ高さに付いた大きな耳が特徴。動作は鋭敏でジャンプ力はピカイチ。聴覚と視覚に優れ、狩猟だけでなく、視覚追跡能力も優秀。

性質は愛情深く、飼い主に従順だが、狩猟本能を強く残し、独立心が強い一面もある。

グリーンランド・ドッグ

GREENLAND DOG

▶ 原産地	グリーンランド
▶ 誕生	古代
▶ 体高	オス 60cm 以上、 メス 55cm 以上
▶ カラー	あらゆる色
▶ 被毛のタイプ	硬い上毛と柔らかい下毛からなるダブルコート

心身ともにタフなパートナー

世界最古の犬種のひとつとされ、北極地方で荷物運搬用のソリ犬や、アザラシやホッキョクグマ用の狩猟犬として活躍。幅広でくさび形の頭部に力強いあごを持ち、がっしりした身体は豊かな被毛に覆われている。性質は忍耐強く、独立心が強い。人には慣れにくいが、飼い主には忠実。過酷な環境に耐える高い身体能力を持つ。現在は豪雪地帯で暮らす人やアウトドアを好む人のパートナーとしても人気。

コリア・ジンドー・ドッグ

KOREA JINDO DOG

▸ 原産地	韓国
▸ 誕生	中世
▸ 体重	オス 18 〜 23kg、 メス 15 〜 19kg
▸ 体高	オス 50 〜 55cm メス 45 〜 50cm
▸ カラー	レッド・フォーン、ホワイトなど
▸ 被毛のタイプ	ダブルコート

飼い主ひとすじの勇敢なハンター

韓国の珍島が原産地で、名前も島名に由来する。イノシシやシカの狩猟犬や番犬として用いられてきた。1962年、韓国の天然記念物に指定され、犬種の保護・管理が徹底された。

均整の取れた引き締まった体格。耳はピンと立った三角形で、尾は巻いていたり、ゆるやかなカーブを描くタイプもある。強い狩猟本能を持ち、方向感覚にも優れたハンター。飼い主には忠実だが、見知らぬ人にはなかなかなつかない。

ジャーマン・スピッツ

GERMAN SPITZ

▸ 原産地	ドイツ
▸ 誕生	17 世紀
▸ 体重	サイズにふさわしい体重
▸ 体高	グロース：45cm 程度、 ミッテル：35cm 程度、 クライン：27cm 程度
▸ カラー	ホワイト、ブラック、ブラウンなど
▸ 被毛のタイプ	ダブルコート

毛色もサイズも種類が豊富

ドイツのスピッツ犬種の子孫で、牧羊犬としてヨーロッパで広く愛されてきた。各地で改良が進み、サイズも毛色もバラエティ豊か。グロース（体高40 〜 50cm程度）、ミッテル（体高30 〜 40cm程度）、クライン（体高24 〜 30cm程度）の3種類に分類される。

キツネに似た顔立ちで、ふんわりとした被毛が美しい。賢く快活、遊び好きで、学習能力も高い。他人を警戒するため、番犬にも向く。

ショロイツクインツレ

XOLOITZCUINTLE

▸ 原産地	メキシコ
▸ 誕生	16 世紀
▸ 体高	スタンダード：46 ～ 60cm 程度、インターミディエイト：36 ～ 45cm、ミニチュア：25 ～ 35cm
▸ カラー	ブラック、グレー、レバーなど
▸ 被毛のタイプ	ヘアレス、短毛のコーテッド

古代メキシコ文明発祥、無毛の珍犬

英名は「メキシカン・ヘアレス・ドッグ」。スペインが南米各地に侵攻するより昔、先住民族がこの無毛の犬を飼育していた。主にベッドを温めたり、抱いて湯たんぽ代わりにするなど家庭犬として飼育。宗教儀礼の生贄とされていたこともある。現在ではスタンダード、インターミディエイト、ミニチュアに分けられる。無毛のため皮膚を傷めやすい。飼育の際は保湿や日焼け対策が必須。

タイ・リッジバック・ドッグ

THAI RIDGEBACK DOG

▸ 原産地	タイ
▸ 誕生	中世
▸ 体高	オス 56 ～ 61cm 程度、メス 51 ～ 56cm 程度
▸ カラー	レッド、ブラック、ブルー、ごく明るいフォーン
▸ 被毛のタイプ	つやのある短毛

原始的な特徴を今も残す歴史ある犬

タイの古文書にも登場する古い犬種。主に狩猟犬として飼育されてきた。タイの土着犬は長らく他国の犬と混じり合うことなく、原初の形態をとどめたままの純粋な血統が維持されてきた。これはその代表的な犬種。

容姿だけでなく、性質も原始的。それは他の犬（群れ）や動物との無用な闘いはできるだけ回避しようとするところに表れている。そのため、警戒心は強いものの、攻撃的ではない。

タイワン・ドッグ

TAIWAN DOG

▸ 原産地	台湾
▸ 誕生	古代
▸ 体重	オス 14 ～ 18kg、 メス 12 ～ 16kg
▸ 体高	オス 48 ～ 53cm、メス 43 ～ 48cm
▸ カラー	ブラック、ブリンドル、フォーン、ホワイト、ホワイト＆ブラックなど

台湾の土着犬、その歴史は数千年 !?

台湾の山岳地帯に暮らす先住民族たちが古代から狩猟犬として飼育してきた。日本の琉球犬と同じ祖先を持ち、両種のつながりも指摘されている。1980年代には台湾と日本、それぞれの学者たちが連携し研究と現地調査を行い、ルーツを解明。地域で若干のタイプの差があるものの、2015年に犬種として認定された。

忠実で愛情深く、賢い。家庭犬のみならず、警備や災害救助にも使役されている。

チルネコ・デルエトナ

CIRNECO DELL'ETNA

▸ 原産地	イタリア
▸ 誕生	古代
▸ 体重	オス 10 ～ 13kg、 メス 8 ～ 11kg
▸ 体高	オス 46 ～ 50cm 程度、 メス 44 ～ 48cm 程度
▸ カラー	フォーン、タン＆ホワイト
▸ 被毛のタイプ	短毛

古代エジプト生まれ、シシリー育ち

イタリアのシシリー島内エトナ山脈周辺で、およそ3000年前から人間とともにウサギ猟をして暮らしてきた。さらにさかのぼると、古代エジプトからシシリーにもたらされた犬がその始祖となったようである。以後、島外の犬とは接触することなく維持されてきた古い犬種。

エレガントで伸びやかな肢体は山岳地帯での狩猟に順応し、高い運動性能を備える。猟犬としては吠え声の少ない犬種。寒さに弱い。

ノルウェジアン・エルクハウンド・グレー

NORWEGIAN ELKHOUND GREY

▸ 原産地	ノルウェー
▸ 誕生	古代
▸ 体高	オス 52cm、メス 49cm
▸ カラー	さまざまな色調のグレー
▸ 被毛のタイプ	直毛のダブルコート

大型獣にも怯まない、シカ猟のプロ

6000年前の石器時代、クマやオオカミなどから村を守る護衛犬として活躍。名前の一部「エルク」とはヘラジカの意だが、それを狩る猟犬としても使役されてきた。

中型犬ながら、どう猛なクマやオオカミ、巨大なヘラジカにも怯まない勇敢な犬。身体は頑健そのもの。がっしりずんぐり骨太で、スタミナも無尽蔵。愛情深く勇敢、番犬として最適。訓練すれば良き家庭犬にもなる。

ノルウェジアン・ブーフント

NORWEGIAN BUHUND

▸ 原産地	ノルウェー
▸ 誕生	1世紀
▸ 体重	オス 14 〜 18kg 程度、メス 12 〜 16kg 程度
▸ 体高	オス 43〜47cm、メス 41〜45cm
▸ カラー	ウィートン、ブラック
▸ 被毛のタイプ	硬い上毛と柔らかい下毛からなるダブルコート

農場であれこれ仕事を担った農家犬

数千年前の北欧各所にいたスピッツ種のひとつ。山岳地帯が多いノルウェーの農場で飼育されてきた。農場の敷地の警備、牧羊犬、シカや鳥類の狩猟補助など、農村での暮らし全般の手伝いをしてきた。

スタミナに満ち、がっしりとした体躯。性格は勇敢で快活、ほがらかでひとなつこい。もともとは作業犬であるが、良き家庭犬にもなる。十分な運動は欠かせない。

ファラオ・ハウンド

PHARAOH HOUND

▸ 原産地	マルタ
▸ 誕生	古代
▸ 体高	オス 56 ～ 63.5cm、メス 53 ～ 61cm
▸ カラー	タン、リッチタン
▸ 被毛のタイプ	光沢のある短毛

エジプト発祥のウサギ狩り名人

古代エジプトの狩猟犬が、フェニキアの貿易商によって地中海の島々に持ち込まれ、特徴を残しながら発展したといわれている。ピラミッドの壁画に描かれた犬に似ていることから、この名でイギリス・ケネルクラブに公認された。視覚のほか、嗅覚や聴覚も使う狩猟スタイルで、マルタ島ではウサギ狩りで活躍した。

大きな耳と、すらりと引き締まった身体つきが特徴。機敏で利口、遊び好きな性質を持つ。

ペルービアン・ヘアレス・ドッグ

PERUVIAN HAIRLESS DOG

▸ 原産地	ペルー
▸ 誕生	13 世紀
▸ 体重	4 ～ 30kg
▸ 体高	25 ～ 65cm
▸ カラー	ブラック、あらゆる色調のグレー、ダーク・ブラウン、ブロンドなど
▸ 被毛のタイプ	ほぼ無毛

触れると温かい古代インカの珍犬

インカ帝国以前の文明の陶器に似た犬が描かれている。ドイツに渡り世界に知られるように。全身がほぼ無毛で、暑さにも寒さにも弱い。オスとメスで3つのサイズがある（小型：4 ～ 8kg、25 ～ 40cm ／中型：8 ～ 12kg、41 ～ 50cm ／大型：12 ～ 30kg、51 ～ 65cm）。

家族には細やかな愛情を示し、快活に遊ぶ一方、神経質なところも。見知らぬ人は警戒するため、番犬としても力を発揮するだろう。

ラポニアン・ハーダー

LAPPONIAN HERDER

▶ 原産地	フィンランド
▶ 誕生	古代
▶ 体高	オス 51cm 程度、 メス 46cm 程度
▶ カラー	ブラック、ブラウン
▶ 被毛のタイプ	硬くまっすぐな上毛と細かい下毛からなるダブルコート

極北のトナカイ追い犬

フィンランドで、トナカイ用の牧畜犬として働いていた3種のスピッツ種のうちのひとつ。筋骨たくましく、作業にも喜んで取り組む性質が重宝され、やがてドッグスポーツや災害救助などの分野でも活躍するようになった。

北極圏の厳しい寒さにも耐えるダブルコートを持つ。作業犬らしく飼い主に対して従順で友好的。他のスピッツ種ほど激しくは吠えないため、家庭犬としても一緒に暮らしやすい。

COLUMN 2

その土地固有の特徴を備えた日本の「地犬」たち

日本で誕生し、天然記念物として知られている7犬種の日本犬のほかにも、日本各地に生息する犬がいる。特定の地域に大昔から住みつき、その土地固有の特徴を持つようになったこれらの犬を、「地犬」と呼ぶ。

地犬の多くは狩猟を手伝い、その土地ならではの犬として認知されている。琉球犬（沖縄県）は、県の天然記念物に指定されている。

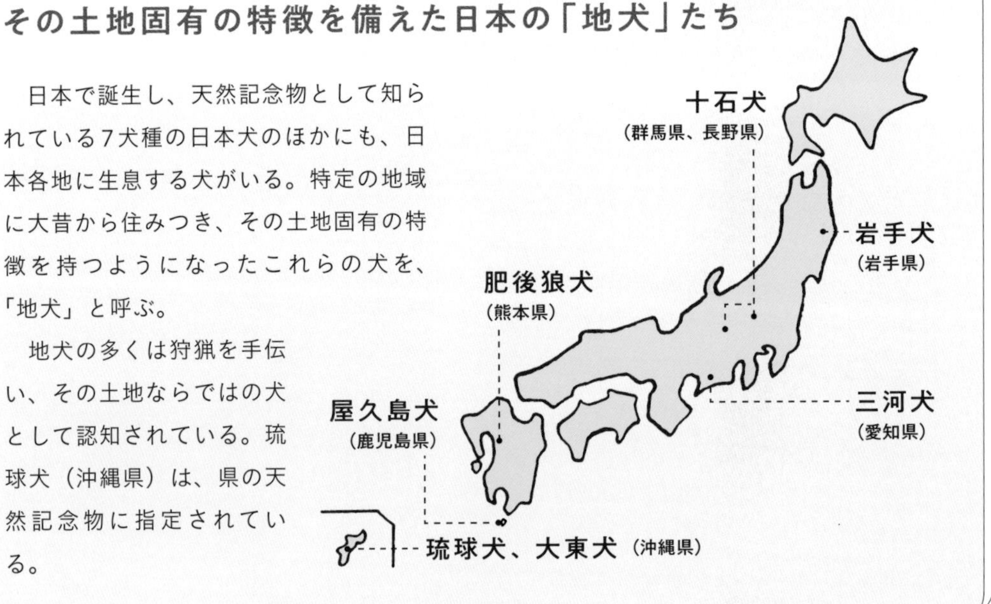

PART / 3

家畜の群れをまとめる・守る

牧羊犬・牧畜犬

羊や牛、馬など、家畜の群れをコントロールしたり、外敵から守ったりする役目を担った犬たち。
ヨーロッパでは、今も現役で働いている犬もいる。日本ではウェルシュ・コーギー・ペンブロークをはじめ、ボーダー・コリー、シェットランド・シープドッグなどが家庭犬として人気がある。

SHEEPDOGS & CATTLE DOGS

牧羊犬・牧畜犬とは

羊など家畜の動きをコントロールして群れをまとめたり、移動させたりする仕事を担った。家畜の種類やタイプに合わせて改良されたため、走り回る、にらむ、吠えるなど、それぞれ独自のスタイルで仕事にあたった。

牧畜が盛んなヨーロッパでは、今なお現役で働いている犬も。また、このグループの犬ならではの高い知能やコミュニケーション能力を活かし、警察犬など別の仕事で活躍している犬も多い。

POINT 1

抜群の知力と体力

家畜の世話をする人や家畜の動きに集中し、長時間走り回って家畜を集めるため、賢く、スタミナがある。頭を使う作業やトレーニングを楽しむことができ、たくさんの運動を必要とする。

牛や馬など、自分より身体の大きな家畜をひるまず追った。

POINT 2

協調性がある

羊飼いや牛飼いの指示に従って家畜をまとめ、他の犬と連携プレーで働くこともある。そのため協調性があり、人間や他の犬とコミュニケーションをはかるのがうまい。

主に大型犬が、家畜を見張り外敵から守る役割を担った。

走り回ったりにらみつけたりして羊を誘導した。

POINT 3

「追う」のが好き

家畜を追っていた本能から、動くものに敏感。車やバイクなどを見ると、突発的に吠えかかったり追いかけたりしがち。運動によって作業意欲を発散させることが大切。

ウェルシュ・コーギー・ペンブローク

WELSH CORGI PEMBROKE

▸ 原産地	イギリス
▸ 誕生	10 世紀
▸ 体重	オス 10 ～ 12kg、 メス 9 ～ 11kg
▸ 体高	25 ～ 30cm
▸ カラー	レッド、セーブル、フォーン、ブラック＆タン
▸ 被毛のタイプ	硬く粗い直毛

Memo

ウェルシュ・コーギー・カーディガンはバセット系の犬種で、ペンブロークとは祖先が異なる。

エリザベス女王がこよなく愛した

ルーツと歴史

ルーツには2つの説がある。ひとつはフランスやベルギーの職人たちがウェールズに移住した際、連れてきたとする説。もうひとつはヴァイキングがスカンジナビアから持ち込んだ北欧の土着犬が定着したとする説。未だ正確な起源は不明。1800年代まで家畜を誘導する牧畜犬としてイギリス全土で利用されていた。現在でも牧畜目的で飼育されている犬は少数いるものの、家庭犬として圧倒的な人気を誇る。

イギリス王室から数世代にわたり寵愛を受けてきた。それがきっかけとなり世界によく知られる犬種となった。故エリザベス女王は常にこの犬をそばに置きかわいがっていた。

容姿

胴は長く、四肢は短い。短足とはいえ、一日中家畜を追って走り回るために筋肉が発達し、かつ柔軟である。がっしりとした体躯で低重心。これは家畜の間を走り回って誘導する際、牛からひづめで蹴られるのを避けることに非常に役立った。

中くらいの大きさの立ち耳。マズルは細めで尖っている。長い尾を持つ個体もいる。

脚や胸、首の白い斑はあってもなくてもOKとされる。

性質

活発で明るい。ものおじせず、好奇心が強い。元来は牧畜犬のため、警戒心も強い。よく吠え、声も大きい。無尽蔵のスタミナを誇り、アクティブ。家畜を誘導するという自立した作業に従事していたことから、独立心旺盛で頑固な面もある。家畜を追う際、蹴りを避けつつ、家畜のくるぶしを噛み誘導していたため、噛みぐせのある個体もいる。

寸胴な体型からは想像できないほど、機敏に駆け回る。

暮らし方のアドバイス

問題行動を起こさせないしつけを

愛くるしい容姿とは裏腹に、個性的な性質で、なかなか手間がかかる。体力を持て余すとストレスがたまり問題行動につながる。十分な運動は欠かせない。しつけによって無駄吠えや噛みぐせを抑える必要がある。

【必須項目】

- しつけ：●●○○○
- お手入れ：●●●○○
- 運動：●●●●●

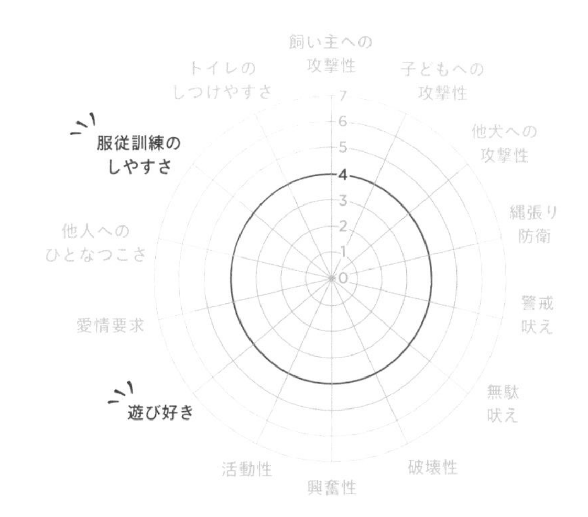

良くいえば元気いっぱい、悪くいえば破壊的。よく運動させ、トレーニングを忘れずに。

ボーダー・コリー

BORDER COLLIE

▶ 原産地	イギリス
▶ 誕生	18 世紀
▶ 体高	オス 53cm、メスは オスよりわずかに低い
▶ カラー	さまざまな毛色
▶ 被毛のタイプ	まっすぐな長毛、スムース

Memo

愛犬団体で公認されたのはわりと最近。1987 年の FCI（世界畜犬連盟）が最初の公認。

高い知能を誇るドッグスポーツの名手

ルーツと歴史

　ボーダー・コリーの祖先は、トナカイ用の牧畜犬。8 世紀後半〜 11 世紀にヴァイキングがイギリスに持ち込んだといわれる。長い間、イギリス、主にスコットランドで牧羊犬として活躍してきた。羊をまとめるときは、伏せに近い姿勢を保って羊に近づき、じっと見つめることで群れを動かしていく。スコットランドはイングランドから見ると辺境にあるため、国境や境界を意味するボーダーにちなみ、ボーダー・コリーと呼ばれたことが名前の由来。

　高い身体能力と賢さゆえ、多様なドッグスポーツを一緒に楽しめる家庭犬としてアクティブな飼い主から人気がある。

容姿

バランスの取れたスマートな体型。骨太でまっすぐな前肢と筋肉質な体躯が俊敏な動きを生み出している。尾は適度に長く、低く垂れている。鼻先から口まわりにかけて先細りで、間隔の離れた大きな目は、羊の群れを見渡す広い視野を生む。よく見かけるブラック＆ホワイトをはじめ、数多くの毛色が認められている。

性質

牧羊犬としてトップクラスの優れた作業能力を誇り、高い反射神経や瞬発力、持久力を持ち合わせている。そのため、速く走る、高くジャンプする、急旋回する、空中で身体をひねるといった動きが得意で、アジリティなどのドッグスポーツにもっとも向いている犬種。

順応性や理解力も高く、指示に従うだけでなく、自ら状況判断して動くこともできる。適切な指示や刺激を与えて欲求不満を防ぎたい。

羊をまとめる能力はピカイチ。スタミナも十分。

スポーツ好きな飼い主にとっては最高のパートナーになる。

暮らし方のアドバイス

一緒にドッグスポーツを楽しんで

トップクラスの賢さと体力のある犬種だからこそ、それに見合ったアクティビティやトレーニング、しっかりとした運動をさせ、エネルギーとストレスを発散させたい。アウトドアが好きな飼い主にぴったりの犬種。

【必須項目】

- しつけ：
- お手入れ：
- 運　動：

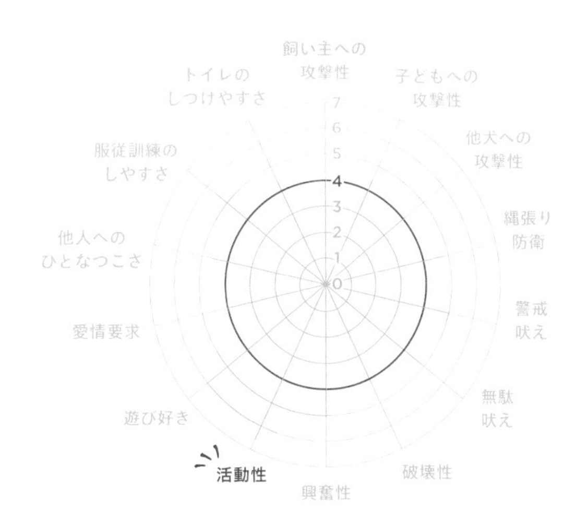

活動性と遊び好きの項目が極めて高い。訓練能も高い一方、吠える行動特性も持ち合わせる。

シェットランド・シープドッグ

SHETLAND SHEEPDOG

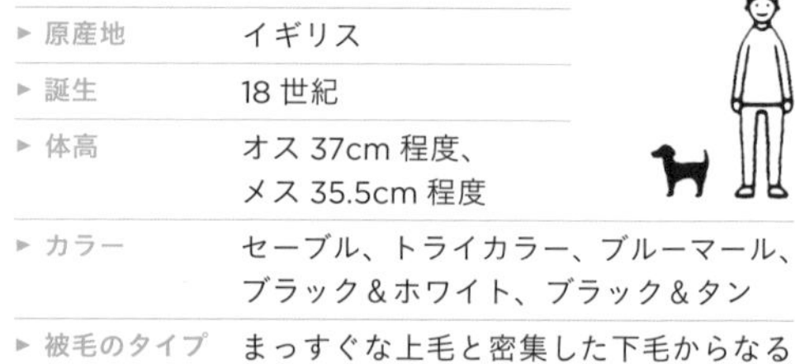

原産地	イギリス
誕生	18 世紀
体高	オス 37cm 程度、 メス 35.5cm 程度
カラー	セーブル、トライカラー、ブルーマール、 ブラック＆ホワイト、ブラック＆タン
被毛のタイプ	まっすぐな上毛と密集した下毛からなる ダブルコート

Memo

群れをまとめる牧羊犬気質ゆえ、大勢の子が遊んでいるとまわりを忙しく走り始めることも。

優美で賢く元気いっぱいの人気者

ルーツと歴史

　その名の通り、イギリス最北地域にあるシェットランド諸島生まれの牧羊犬。もともと島にいた犬と、スコットランドからもたらされたコリーの祖先の犬、さらに複数のスピッツの血が加わって誕生したとされている。荒れた土地と厳しい寒さのなかで生き延びてきた結果、小型化したという。牧場の番犬、牧羊犬として島の人々の暮らしを支え、「トゥーニー・ドッグ(ファーム・ドッグの意味)」と呼ばれた。

　1800年代に入って、イギリスで紹介されると、一躍大人気に。日本には1958年に紹介され、今もなお“シェルティ”という愛称で高い人気を誇っている。

容姿

小型のラフ・コリーのような身体つきでバランス良く引き締まっており、背中は水平。

まっすぐに伸びた鼻筋とアーモンド型の目は気品にあふれる。耳は途中からやや折れ曲がった半直立耳。耳のまわりに生えた豊かな被毛はフリル状になっており、首まわりの長い被毛と相まって、優美な雰囲気を醸し出している。

見た目はエレガントだが、疲れ知らずで走り回る。

性質

身体は小さいが、頭の回転が速く、スタミナがある。長時間、羊の群れを追い、わずかな物音をも聞き逃さずに、縄張りを乱すものを警戒する。集合住宅や住宅密集地で飼育するなら無駄吠えしないようしつけを。郊外や田舎ならば、不審者を追い払う優秀な番犬となるだろう。

飼い主には忠実で愛情深く、初心者でもしつけやすい。幼いうちから人見知りをさせないよう人に慣れさせておこう。

ブルーマールと呼ばれるまだら模様は希少な毛色。

暮らし方のアドバイス

ストレスをためさせない暮らしを

無駄吠えを軽減するには、しつけとともに、たっぷりの散歩や遊び、スポーツなどでストレスを発散させて。また、豊かな被毛を美しく保つためには、毎日のブラッシングが必須。とくに抜け毛の多い春は念入りに行うこと。

【必須項目】

- しつけ：
- お手入れ：
- 運　動：

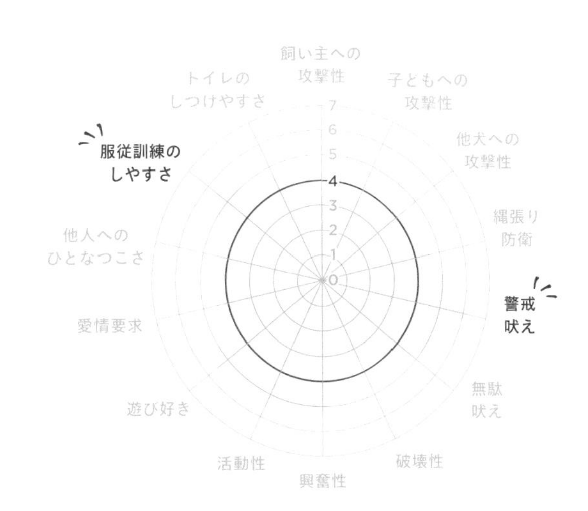

遊び好きで、活動性と訓練能が高い。攻撃性は中程度だが、警戒吠えと無駄吠えが多い傾向が。

ジャーマン・シェパード・ドッグ

GERMAN SHEPHERD DOG

原産地	ドイツ
誕生	19 世紀
体重	オス 30 ～ 40kg、 メス 22 ～ 32kg
体高	オス 60 ～ 65cm、メス 55 ～ 60cm
カラー	ブラックやグレー、レディッシュ・ブラウン、イエロー、明るいグレーのマーキング
被毛のタイプ	まっすぐで粗い短毛

Memo

ドイツのジャーマン・シェパード・ドッグ協会には 200 万頭以上が登録されている。

世界で活躍する万能作業犬

ルーツと歴史

19 世紀、ドイツの国を象徴する優れたワーキング・ドッグを作りたいという思いから、騎兵隊将校であったマックス・ヴォン・ステファニッツ中尉が作出した。山岳地帯で活躍した何種類もの牧羊犬の血が混ざっている。シェパードは、「羊飼い」の意。

1882 年にドイツのハノーヴァーのショーでデビュー。牧羊だけでなくあらゆる種類の作業をこなす能力を持ち、第一次世界大戦下では軍用犬として活躍した。能力の高さに惹かれたアメリカ陸軍の軍人が連れ帰り、アメリカン・ケンネルクラブに登録。ワーキング・ドッグとしてもっともポピュラーな犬種でもある。

容姿

筋肉質でたくましく、体高より体長の方が長い。まっすぐな背と深い胸部、V字型のマズルを持つ。スムースヘアや長毛、ワイアーヘアーなどが存在した時期もあったが、現在ショーで認められているのは短毛のみ。

性質

精神的にバランスが取れており、大胆さや防衛本能と協調性とを併せ持つ。学習能力も高く、訓練しやすい。勇気や闘志、タフさなど、使役犬としての適性をバランス良く備えている。非常に多才で、警察犬や護衛犬、番犬のほか、雪山での遭難者救助犬、税関の麻薬探知犬、盲導犬などとして世界中で活躍している。

タフで賢いため、気質の穏やかな犬を選べば家庭犬としても頼りがいのあるパートナーになる。ただし、エネルギッシュで身体も大きいので運動やしつけは熱心に行うべきである。

身体能力が高く意欲的。ドッグスポーツにも向く。

子犬の頃から触れ合いを大切に。しつけも早くに始めて。

暮らし方のアドバイス

家族には忠実だがシャイな一面も

人を寄せ付けない印象だが、家族には忠実でやさしい。子どものいる家庭にも向く。ただし、個体によるがシャイな一面もあるので社会化は必須。また、警察犬血統の犬は気が強い。飼い主はリーダーとしての自覚を。

【必須項目】

- しつけ：
- お手入れ：
- 運　動：

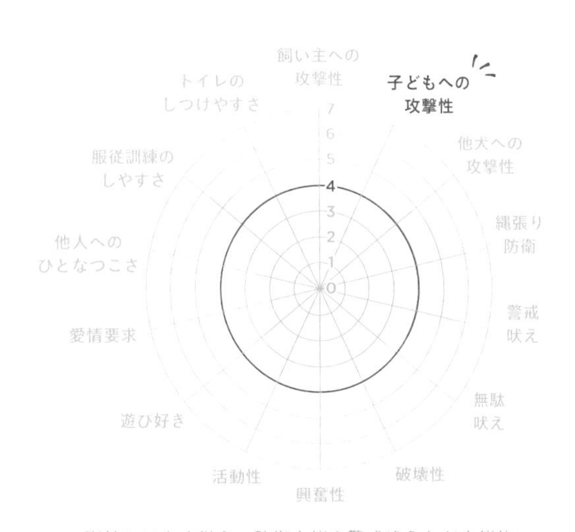

訓練にはよく従う。防衛本能や警戒吠えなど本能的な行動を抑えるためしつけはしっかりと。

ラフ・コリー

ROUGH COLLIE

▸ 原産地	イギリス
▸ 誕生	19 世紀
▸ 体高	肩の高さでオス 61cm、メス 56cm が理想
▸ カラー	セーブル & ホワイト、トライカラー、ブルーマール
▸ 被毛のタイプ	ラフ、スムース

英国王室ご用達の優雅な容姿

スコットランド北部の牧羊犬スコッチ・コリーの末裔。ショーに出るようになって注目を集め、19 世紀にはヴィクトリア女王のコンパニオンにもなり、王室の寵愛を受けた。映画『名犬ラッシー』で日本でも一躍人気者に。

鼻筋の通った知的な顔立ちと、豊かなたてがみが魅力。美しいフルコートを保つには、毎日の手入れが必須。優れた学習能力を持ち、勘も良く、周囲の状況を敏感に察知し行動する。

ホワイト・スイス・シェパード・ドッグ

WHITE SWISS SHEPHERD DOG

▸ 原産地	スイス
▸ 誕生	19 世紀
▸ 体重	オス 30 ～ 40kg 程度、メス 25 ～ 35kg 程度
▸ 体高	オス 60 ～ 66cm、メス 55 ～ 61cm
▸ カラー	ホワイト
▸ 被毛のタイプ	ミディアム、ロング

愛好家が守った白いシェパード

白いジャーマン・シェパード・ドッグを祖先に持つ。元来シェパード界において白い毛色は嫌われ、ヨーロッパではほぼ姿を消していた。白いシェパードの愛好家たちが、アメリカやカナダで生き残った個体を保護・繁殖。1990 年代に新犬種として認められた。

ジャーマン・シェパード・ドッグと同様、高い作業能力を誇る。警戒心もあるが、いくぶん温和。子どもの良き遊び相手にもなる。

オーストラリアン・シェパード

AUSTRALIAN SHEPHERD

原産地	アメリカ合衆国
誕生	19世紀
体高	オス51～58cm、 メス46～53cm
カラー	ブルーマール、ブラック、レッドマール、レッド
被毛のタイプ	粗い上毛を持つダブルコート

美しさも兼ね備えた多才な犬

16世紀にスペイン人がアメリカに持ち込んだ牧羊犬とコリーなどを交配させ、誕生したとされる。名前の由来は、オーストラリア原産メリノ種の羊とともに飼われていたためといわれるが定かではない。

羊追いに限らず牧場のさまざまな仕事をこなしてきた歴史を持ち、遭難者の捜索や救助などでも活躍する優秀な作業犬。毛色や目の色が多彩で、美しさも兼ね備えている。

オールド・イングリッシュ・シープドッグ

OLD ENGLISH SHEEPDOG

原産地	イギリス
誕生	19世紀
体高	オス61cm、 メス56cmが理想
カラー	グレー、グリズル およびブルーのさまざまな色合い
被毛のタイプ	豊かなダブルコート

ぬいぐるみのような愛嬌ある風貌

イギリス最古の牧羊犬の一種で、ボブテイル（短い尾）とも呼ばれる。長い尾の犬もいるが、昔は尾の長い犬のみ課税されたため、長い尾は短く断尾された。モコモコとした被毛が目を覆い、ぬいぐるみのよう。イギリスではこの犬の梳き毛で衣類が作られたこともあったという。

身体は大きいが攻撃的ではなく、温和でひとなつこい。同じ側の前肢と後肢を同時に出す「側対歩」という独特の歩き方が特徴。

ウェルシュ・コーギー・カーディガン

WELSH CORGI CARDIGAN

▶ 原産地	イギリス
▶ 誕生	紀元前 1200 年
▶ 体高	30cm
▶ カラー	ブルー・マール、ブリンドル、レッド、セーブルなど
▶ 被毛のタイプ	粗く密生した中くらいの長さの被毛

耳が大きく尾のあるコーギー

3000年以上前にケルト人がウェールズのカーディガンシャーに連れてきたとされ、家畜追い犬として活躍。1933年に後の英国王ジョージ6世が飼ったことで、広く認知された。

背が低く胴が長い。ウェルシュ・コーギー・ペンブロークとの容姿の違いは、耳が大きく、キツネのようなふさふさした尾を持っていること。人見知りの面があるが、愛情を持って接すればよくなつく。活発で、走り回るのを好む。

スキッパーキ

SCHIPPERKE

▶ 原産地	ベルギー
▶ 誕生	17 世紀
▶ 体重	3 ～ 9kg
▶ カラー	ブラック
▶ 被毛のタイプ	ダブルコート

ベルギーで愛された黒い小型犬

もともと番犬やネズミ捕り犬として飼われていた。17 世紀には靴職人が真鍮の首輪の細工を競うため、スキッパーキに首輪を付けて競技を行っていたという。やがてベルギー王室に愛され、上流階級や海外へと広まっていった。

小型だが、身体つきはがっしりしていて、均整が取れている。胸の被毛が豊富で、耳が立っているのが特徴。性質は用心深く、機敏に動き回る。家族には忠実で、好奇心旺盛。

ビアデッド・コリー

BEARDED COLLIE

▶ 原産地	イギリス
▶ 誕生	16 世紀
▶ 体重	オス 53 〜 56cm、 メス 51 〜 53cm
▶ カラー	スレート・グレー、赤みがかったフォーン、ブラック、ブルーなど
▶ 被毛のタイプ	毛深いダブルコート

毛むくじゃらでチャーミング

起源は定かでないものの、スコットランドのハイランド地方で古くから活躍していた牧羊犬がルーツといわれている。第二次世界大戦後、絶滅しかけたものの、1940 年代にウィリソン夫人のブリーディングにより犬種が復活した。

ダブルコートで、上毛はまっすぐで粗く、下毛は柔らかい。頭部が平らで、背中のラインも平ら、四肢は筋肉質で太い。性質は、友好的で賢く、飼い主に対して愛情深い。

オーストラリアン・キャトル・ドッグ

AUSTRALIAN CATTLE DOG

▶ 原産地	オーストラリア
▶ 誕生	19 世紀
▶ 体高	オス 46 〜 51cm、 メス 43 〜 48cm
▶ カラー	ブルー、レッドの小斑
▶ 被毛のタイプ	粗くまっすぐな上毛を持つダブルコート

野性犬の血を引く牛追い犬

オーストラリアがイギリスの植民地となったときに、イギリスから連れてきた犬とオーストラリアの野生犬ディンゴとの交配により作出した犬種。牧場で牛を追う仕事を担った。

筋肉質で、厚い胸と太く短い首を持ち、四角張った印象。まだらになったブルーのダブルコートが特徴。家族にはよく慣れて忠誠心が強い。番犬にも向く。見知らぬ人や犬には用心深く、攻撃されると反撃に出ることも。

ミニチュア・アメリカン・シェパード

MINIATURE AMERICAN SHEPHERD

▶ 原産地	アメリカ
▶ 誕生	20 世紀
▶ 体高	オス 35.5 ～ 46cm、 メス 33 ～ 43.5cm
▶ カラー	ブラック、ブルーマール、レッドなど
▶ 被毛のタイプ	ストレートからややウェービーなダブルコート

ホースマンに人気の賢い小型犬

1960 年代にオーストラリアン・シェパードから作出。ミニチュア・オーストラリアン・シェパードと呼ばれていたが、2011 年に現在の名に変更、2015 年に犬種団体に登録された。

小型で均整の取れた体型、尾はボブテイル（短い尾）か長い尾で、断尾することが多い。競馬関係者に人気。その理由は、馬と一緒に連れ歩くのに適した小型犬であるだけでなく、活発でスタミナがあり、忠実で賢いためである。

ポリッシュ・ローランド・シープドッグ

POLISH LOWLAND SHEEPDOG

▶ 原産地	ポーランド
▶ 誕生	16 世紀
▶ 体高	オス 45 ～ 50cm、 メス 42 ～ 47cm
▶ カラー	全ての色
▶ 被毛のタイプ	少しウェービーな厚い長毛

両眼が隠れたユーモラスな容姿

ポーランドに古くからいる牧羊犬。ビアデッド・コリーの祖先犬のひとつといわれている。一時は絶滅しかけたが、第二次世界大戦後にポーランドのブリーダーにより復活した。

全身を長くて密生したウェーブがかった被毛が覆い、額から垂れる被毛で両眼が隠れているのが特徴。中型の牧羊犬として活躍してきた資質と記憶力に優れていて温厚な性格から、現代では護衛犬や家庭犬として人気が高い。

ベルジアン・シェパード・ドッグ

BELGIAN SHEPHERD DOG

▸ 原産地	ベルギー
▸ 誕生	19 世紀
▸ 体重	オス 25 ～ 30kg、メス 20 ～ 25kg
▸ 体高	オス 62cm 程度、メス 58cm 程度
▸ カラー	フォーンにブラック・オーバーレイ（タービュレン、マリノア）、ブラックの単色（グローネンダール）、フォーンのわずかなブラック・オーバーレイ（ラケノア）

タービュレン。ブラックマスクを持ち、暖色系の濃いフォーンで毛先が黒い。長毛。

Memo

人と協調するのが得意なので、アジリティなどのドッグスポーツでも活躍する犬種。

ベルギーが誇る多才な作業犬

ルーツと歴史

1800年代末のベルギーには多種多様な牧羊犬が存在した。1891年から改良が行われ、1910年頃までにベルジアン・シェパード・ドッグとして「タービュレン」「マリノア」「グローネンダール」「ラケノア」4種が確立された。ルーツは牧羊犬だが、警備や軍用、家庭犬など、さまざまな分野で活躍している。

容姿と性質

被毛の色やタイプは種類によって異なるが、いずれも力強さと気品を併せ持つ、均整の取れたプロポーション。勇敢で大胆、かつ落ち着きがある。作業欲にあふれ、エネルギッシュによく働く。主人やその財産を守るためには躊躇なく行動するため、番犬としても一流。

マリノア。毛色はタービュレンと同様で、短毛。ヨーロッパでは警察犬として人気。

グローネンダール。ブラックの単色で、長毛。同じ名の城で作出された。

ラケノア。粗い被毛。フォーンでマズルと尾の毛先はわずかに黒い。気質は頑固。

ブービエ・デ・フランダース

BOUVIER DES FLANDRES

▶ 原産地	ベルギー、フランス
▶ 誕生	16 世紀
▶ 体重	オス 35 〜 40kg、 メス 27 〜 35kg
▶ 体高	オス 62 〜 68cm 程度、 メス 59 〜 65cm 程度
▶ カラー	グレー、グレー・ブリンドルなど
▶ 被毛のタイプ	硬く粗い長毛

『フランダースの犬』のモデル犬

元はベルギーとフランス北部にまたがるフランドル地方で、牛追いや運搬をしていた作業犬。児童文学『フランダースの犬』のモデル犬でもある。大きくて力強く、がっしりとした身体に、モコモコの粗く硬い被毛を持つ。もじゃもじゃの眉毛に、豊かなあごひげと口ひげをたくわえたユーモラスな容姿が人気。忠実で、しつけや訓練能が高いことから、警察犬や盲導犬としても活躍中。子どもの相手も得意。

プーリー

PULI

▶ 原産地	ハンガリー
▶ 誕生	10 世紀
▶ 体重	オス 13 〜 15kg、 メス 10 〜 13kg
▶ 体高	オス 39 〜 45cm、メス 36 〜 42cm
▶ カラー	ブラック、フォーン、パール・ホワイト
▶ 被毛のタイプ	長いコード状のダブルコート

まるでモップ。独特の風貌

遊牧民族マジャール人とともに暮らしていた牧羊犬がルーツ。ハンガリー語で「リーダー」という名を持つ。筋肉質の身体で俊敏に動き、群れから離れた羊の背中に飛び乗るほど。何といっても目を引くのが、身体全体を覆うコード状の豊かな被毛。成犬で地面に届くほどの長さがあり、入念なブラッシングは必須。

頭の回転が非常に速く、飼い主に従順で子ども好き。番犬や警察犬としても優秀。

ブリアード

BRIARD

原産地	フランス
誕生	19 世紀
体重	オス 62 ～ 68cm、 メス 56 ～ 64cm
カラー	ブラック、フォーン、ブラック・オーバーレイのあるフォーン
被毛のタイプ	わずかにウェービーなダブルコート

勇気とやさしさを兼ね備えた大型犬

北ヨーロッパのもっとも古い犬種のひとつ。フランスの牧羊犬がルーツ。オオカミなどの襲撃から羊を守っていた勇敢で活発な作業犬。世界大戦中は弾薬を運んだり、負傷軍人を探したりする軍用犬としても活躍したという。

頑強な骨格に筋肉質の身体つき。7cm 以上もの長さがあるウェーブがかった豊かな被毛が美しい。後肢の２本の狼爪（親指）も特徴。忠実で愛情深く、家庭犬としても好まれる。

スムース・コリー

SMOOTH COLLIE

原産地	イギリス
誕生	19 世紀
体重	オス 20.5 ～ 29.5kg、 メス 18.0 ～ 25.0kg
体高	オス 56 ～ 61cm、 メス 51 ～ 56cm（肩部）
カラー	セーブル＆ホワイト、トライカラーなど
被毛のタイプ	ラフ、スムース

珍しい短毛タイプのコリー犬

19 世紀からスコットランドで活躍していた聡明な牧羊犬。俊足を誇る狩猟犬、グレイハウンドとの交配で現在の姿になったといわれる。

均整の取れた筋肉質の身体に、スラッと長い脚と首。鼻筋の通った気品のある顔立ちはラフ・コリーと似ているが、なめらかな短い被毛がスタイリッシュ。陽気で友好的な性質で、家族に対して従順で愛情深い。一方で、人見知りする繊細な一面も。

コモンドール

KOMONDOR

▶ 原産地	ハンガリー
▶ 誕生	古代
▶ 体重	オス 50 ～ 60kg、 メス 40 ～ 50kg
▶ 体高	オス最低 70cm、メス最低 65cm
▶ カラー	アイボリー
▶ 被毛のタイプ	ひも状のダブルコート

ハンガリー平原の勇者

　ハンガリーで、何百年も牧羊犬として人間と暮らしてきた大型犬。現地では「プスタ（ハンガリーの平原）の王者」とも呼ばれる。古いマスティフの血を引いていると考えられている。

　白く細いひも状になった独特な被毛がのれんのように垂れ下がり、羊と見紛う。毛が絡まないよう、毎日の手入れが欠かせない。

　家族には忠実だが他人には警戒心を抱く。子犬のうちから訓練をしっかり行うと良い。

ピレニアン・シープドッグ

PYRENEAN SHEEPDOG

▶ 原産地	フランス
▶ 誕生	18 世紀
▶ 体重	オス 42～48cm 程度、 メス 40～46cm 程度
▶ カラー	フォーン、グレー、ハールクイン、スレート・グレーにホワイトの斑など
▶ 被毛のタイプ	豊かな羊毛状のロングコート

「追う」「集める」２役を担う働き者

　ピレネー山脈の山岳地帯で、羊の群れを追い、集める役割を担っていた牧羊犬。オオカミなどの外敵から群れを守る役割を担ったピレニアン・マウンテン・ドッグと一緒に活躍したといわれる。被毛のタイプによって２種類に分かれている。小柄な身体からあふれんばかりのエネルギーで機敏に動き回る。

　飼い主として堂々と接すると、指示によく従い、本来持つ能力を発揮してくれる。

オーストラリアン・ケルピー

AUSTRALIAN KELPIE

▸ 原産地	オーストラリア
▸ 誕生	19 世紀
▸ 体重	オス 46 〜 51cm、 メス 43 〜 48cm
▸ カラー	ブラック、ブラック＆タン、レッド、 レッド＆タン、フォーンなど
▸ 被毛のタイプ	密生した粗い短毛

知性とスピードを誇る優れた牧羊犬

19世紀、スコットランド人がオーストラリアに入植した際に持ち込んだ牧羊犬がルーツとされる。また、その犬たちが当地の有名な野生犬ディンゴと交配し犬種のもととなった説もあるが　定かではない。高い知能を持つことで知られるボーダー・コリーと並び、優秀な牧羊犬とされている。とくに優れているのは俊敏性。

驚くほどのスピードで羊たちを見事に誘導する。我慢強く過酷な作業をこなす。

クーバース

KUVASZ

▸ 原産地	ハンガリー
▸ 誕生	13 世紀
▸ 体重	オス 48 〜 62kg、 メス 37 〜 50kg
▸ 体高	オス 71 〜 76cm、メス 66 〜 70cm
▸ カラー	ホワイト、アイボリー
▸ 被毛のタイプ	軽くウェーブがかかったダブルコート

愛する家族を守りぬくボディガード

正確なルーツはわかっていないが、何千年も前から人々と家畜を盗賊や肉食獣などの外敵から守るために生きてきた。頑丈な身体はスタミナに満ち、勇敢で恐れを知らない。家族には深い愛情を示し、最後まで守ろうとする。そのため、人や犬に攻撃的になることもある。

基本的に頑健で手入れは簡単だが、飼育するには覚悟がいる。徹底的なトレーニングと広い運動スペースの確保が欠かせない。

クロアチアン・シープドッグ

CROATIAN SHEEPDOG

▸ 原産地	クロアチア
▸ 誕生	19 世紀
▸ 体高	40 〜 50cm
▸ カラー	ブラック
▸ 被毛のタイプ	ウェービー、または巻き毛

まじめで仕事熱心な警護専門犬

クロアチアに古くからいたシェパード系の土着犬。バルカン半島やギリシャ、トルコから移入された牧羊犬の血筋がもととなり誕生したといわれている。犬種確立のために積極的に交配繁殖がなされたわけではなく、自然発生的に発展した。現在でもクロアチアの農村では牧羊犬として飼育されている。

活発ですばしっこく、勇敢。協調性もあり、訓練はしやすい。先天的に尾がない個体もいる。

サールロース・ウルフドッグ

SAARLOOS WOLFDOG

▸ 原産地	オランダ
▸ 誕生	1920 年代
▸ 体高	オス 65 〜 75cm 程度、メス 60 〜 70cm 程度
▸ カラー	明るい色、ウルフ・グレー、毛先がブラックまたはブラウンの獣色
▸ 被毛のタイプ	密生した短毛

誇り高いオオカミの血筋を受け継ぐ

オランダの遺伝学者レンデルト・サールロース氏によって作出されたオオカミとの交配種。ジャーマン・シェパード・ドッグのより犬本来の自然な素質を取り戻そうと、オスのシェパードに、オオカミのメスをかけ合わせた。結果的にその目論見は成功とはいえないものとなる。

野生動物として当然備わっている用心深く、繊細な面が強く出てしまい、作業犬には不向きな犬となった。

チェコスロバキアン・ウルフドッグ

CZECHOSLOVAKIAN WOLFDOG

原産地	旧チェコスロバキア
誕生	1950年代
体重	オス最低26kg、 メス最低20kg
体高	オス最低65cm、メス最低60cm
カラー	グレーからシルバー・グレー
被毛のタイプ	密生した短毛

理想的なウルフドッグを夢見て

オランダでのサールロース・ウルフドッグ作出の後、旧チェコスロバキアでも同様に、オオカミの特性を活かした理想的な作業犬作出のための試みが行われた。それまでも両種をかけ合わせたウルフドッグは数多く存在したが、その結果は理想的とはいえなかった。

本種は数世代にわたる交配を重ねたことで血統が多少安定し、それまでにありがちだった繊細すぎる性質は多少抑制された。

プーミー

PUMI

原産地	ハンガリー
誕生	19世紀
体重	オス10～15kg程度、 メス8～13kg程度
体高	オス41～47cm程度、 メス38～44cm程度
カラー	グレー、ブラック、フォーン、ホワイト
被毛のタイプ	カールした厚い長毛

とにかく元気、典型的な牧羊犬

ハンガリーにはモップそっくりの姿で有名なプーリー（P84）を筆頭に、個性的な容姿の牧羊犬たちが存在する。本犬種もそのひとつ。

1800年代、土着犬として飼育されていたプーリーに、ドイツやフランスのスピッツ系、およびテリア系の犬種をかけ合わせ作出されたのがこの「プーミー」。元気で疲れを知らず、活発そのもの。警戒を怠らず、勇敢で、よく吠える。牧羊犬として飼うなら最適。

ボースロン

BEAUCERON

▶ 原産地	フランス
▶ 誕生	16 世紀
▶ 体高	オス 65 ～ 70cm、 メス 61 ～ 68cm
▶ カラー	ブラック＆タン、ハールクイン
▶ 被毛のタイプ	スムース

赤い靴下をはいたマルチな作業犬

起源はフランスに古くからいた牧羊犬。1800年代に、ボース地方で多く見られた被毛が短いタイプの犬に、この名が付けられた。四肢の赤茶色の模様から、「レッド・ストッキング」とも呼ばれた。戦時中は軍の伝令犬として働き、今では逃走犯の追跡や、雪山での遭難者捜索などで活躍中。大きく頑丈な身体を持ち、軽快に行動する。性質は勇敢で、大胆かつ分別がある。フランス版のシェパードとたとえられる。

マレンマ・シープドッグ

MAREMMA SHEEPDOG

▶ 原産地	イタリア
▶ 誕生	古代
▶ 体重	オス 35 ～ 45kg、 メス 30 ～ 40kg
▶ 体高	オス 65 ～ 73cm、メス 60 ～ 68cm
▶ カラー	ホワイト
▶ 被毛のタイプ	密生した長毛

牧羊犬の源流。頼れる「羊の家族」

ハンガリーのコモンドール（p86）やクーバース（p87）など、ヨーロッパ各地の牧羊犬の源流とされる。イタリアの山岳地帯では夏を通して自然放牧が行われるが、そのとき羊を守るのがこの犬の仕事。子犬の頃から羊小屋で一緒に飼育されることで、羊を「家族の一員」と認識し、命がけで守る姿勢が育まれる。クマやオオカミにも怯まない巨体。自立心にあふれ頑固だが、共生の歴史が長いため人にも寛容。

PART / 4

人や家畜のために働く

作業犬

農場から山岳地帯、水辺まで、世界中のあらゆる場所で人の仕事を手伝ってきた犬たちのグループ。
日本で家庭犬として人気があるミニチュア・シュナウザーやミニチュア・ピンシャーは小型犬だが、おおむね大柄で力持ち。恐ろしそうな見た目でも温和で頼りがいのある犬が多い。

PINSCHER AND SCHNAUZER - MOLOSSOID BREEDS-
SWISS MOUNTAIN AND CATTLE DOGS AND OTHER BREEDS

作業犬とは

農場の番犬（外敵を追い払い、人や財産を守る役目を担う犬）や荷車引き、猟師の手伝い、遭難者の救助など、世界各地で使役されてきた。堂々たる体躯の大型犬種が多い。ローマ時代に戦闘犬として活躍したモロシアン系の犬種も、このグループに属する。シュナウザーやピンシャーは、小型版のミニチュアタイプが人気。

現在では多くが家庭犬として飼育されているが、牧羊・牧畜犬と同様、ヨーロッパでは現在も働いている犬がいる。

POINT 2

高い縄張り意識

防衛心や忠誠心を備え、守るべき家畜や飼い主の側から離れようとしない。警戒心が強く、見知らぬ者を寄せ付けない。ペットとして飼育するなら社会化は必須。

POINT 1

屈強な身体

多くの作業犬は、大柄で筋肉質。まるでクマのようにどっしりとした頑健な身体と、大きな頭部が特徴。いかにも恐ろしげな風貌だが、誰かれかまわず攻撃することはない。

ネズミなどの害獣を駆除し、不審者を撃退した。

POINT 3

力持ち

身体が大きくパワーがある。とくに荷車引きを担っていたバーニーズ・マウンテン・ドッグなどの牽引力は圧倒的。トラブルを避けるためには、しっかりしつけることが大切。

ミニチュア・シュナウザー

MINIATURE SCHNAUZER

▶ 原産地	ドイツ
▶ 誕生	14 世紀
▶ 体重	4 ～ 8kg 程度
▶ 体高	30 ～ 35cm
▶ カラー	ブラック、ソルト＆ペッパー、ブラック＆シルバー、ホワイト
▶ 被毛のタイプ	粗く硬い上毛と柔らかい下毛からなるダブルコート

Memo

貴婦人の抱き犬としてもかわいがられ、有名宮廷画家の絵画にも描かれた。

眉毛と口ひげがユーモラス

ルーツと歴史

19世紀末にドイツで生まれた犬種で、農場のネズミ捕り犬として活躍していた。スタンダード・シュナウザーをもとに、テリア系のアーフェン・ピンシャーやミニチュア・ピンシャーなどとの交配で作られたと考えられている。プードルの血が入っているという説もある。

当初は被毛のタイプがさまざまで、犬種として安定していなかったが1920年代にアメリカに渡ってから改良が進んで小型化し、現在の姿に固定された。名前の「シュナウザー」とは、ドイツ語で鼻あるいは口吻を意味する。口ひげのある独特の風貌が注目され、北アメリカで家庭犬として人気者に。日本でも高い人気を誇る。

容姿

もじゃもじゃの眉毛とたっぷりの口ひげが特徴で、思慮深い仙人のような表情を作っている。小型だがしっかりした身体つき。粗く硬い針金状の被毛の下に、柔らかい被毛が密生している。抜け毛は少ないが、定期的なトリミングとこまめなグルーミングが必要である。さまざまなカットスタイルを楽しむ人も多い。

幼い頃からしっかりしつけを行えば、楽しいパートナーに。

性質

活動性が高く遊び好きで、アジリティなどのドッグスポーツも楽しめる。攻撃性はやや高めだが、きちんとトレーニングすれば応えてくれる。優れた嗅覚を活かして、災害救助犬や警察犬として活躍する犬もいる。

ただし、人気ゆえに乱繁殖が進み、遺伝性疾患や神経質な気質を持っている個体も。迎え入れるときは、信頼できるブリーダーを探し、慎重に判断したい。

豊かな口ひげが貫禄たっぷり。

暮らし方のアドバイス

初めて犬を飼う人は一考を

アメリカでは、攻撃性が高いという評価もある。トレーニングで攻撃性や吠えやすい傾向をコントロールし、たっぷりの運動でエネルギーを発散させて。被毛が密生していて蒸れやすいので、グルーミングはこまめに。

【必須項目】

- しつけ：
- お手入れ：
- 運　動：

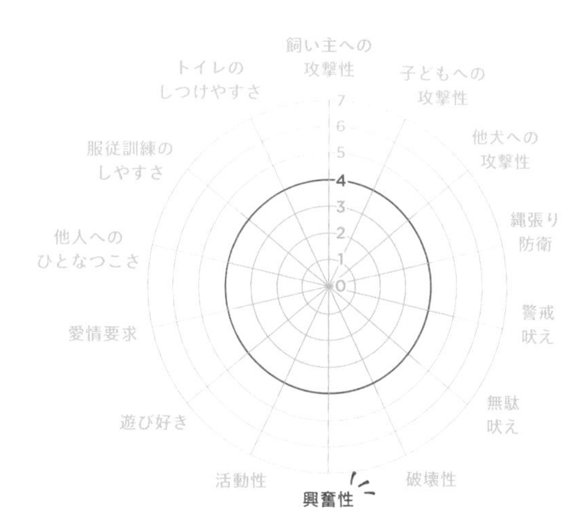

テリア的な気質を持ち、攻撃性や反応性は中〜高程度。神経質な一面も受け入れてあげよう。

ミニチュア・ピンシャー

MINIATURE PINSCHER

▶ 原産地	ドイツ
▶ 誕生	18 世紀
▶ 体重	4 ～ 6kg
▶ 体高	25 ～ 30cm
▶ カラー	ディアー・レッド、レディッシュ・ブラウン、ダーク・レッド・ブラウン、ブラック＆タン
▶ 被毛のタイプ	スムース

Memo

小柄だが勇敢な性質で、自分より 10 倍も大きな犬にも果敢に立ち向かっていくほど。

小柄ながら勇敢でエネルギッシュ

ルーツと歴史

ドーベルマンのような精悍な容姿から、ドーベルマンを小型化したと思われることもあるが、ドーベルマンよりも古い歴史を持つ犬種。祖先は、ヨーロッパ北部スカンジナビア半島にいたクライン・ピンシャー。数百年前にドイツで小型化され、農場のネズミ捕りや番犬として活躍していた。ドイツでは「ツベルク（超小型の意）・ピンシャー」と呼ばれている。

当初、ドイツ以外ではほとんど知られていなかったが、1920 年にアメリカに紹介されると、そのスマートな容姿と勇敢な性質で人気となり、愛玩犬や番犬として世界中に広まった。愛称は「ミニピン」。

容姿

筋肉質でバランス良く整った身体つき。後肢の筋肉もよく発達している。大きくピンと立った耳を持つ。全身が光沢のある短い被毛で覆われ、スタイリッシュ。馬車の引き馬のように前肢を高々と上げ、優美に歩くのも特徴。これを「ハックニー歩様」と呼ぶ（ハックニーとはイギリス原産の馬の一品種）。

短毛ゆえに手入れは簡単。ブラッシングや濡らしたタオルで身体を拭く。

性質

元気いっぱいですばしっこく、活動的。頭の回転が速く、好奇心や独立心旺盛。また、番犬として活躍していたルーツを持つため、見知らぬ人に対する警戒心が強い。自信にあふれ、大きな相手にも怯むことなく立ち向かっていく勇敢さを持っている。

攻撃的なところもあるので、幼い頃からしっかりとしつけを行う必要がある。こうしたエネルギッシュな面を魅力と感じ、しっかりと向き合える人に向いている。

家族に対しては愛情深い。楽しい家族の一員になるだろう。

暮らし方のアドバイス

小型犬でもしつけと運動は十分に

攻撃性が高く訓練性能が低いので、しつけは幼いうちからしっかり行うこと。さまざまな環境、人、犬に慣れさせておく必要がある。

活動性が高い。毎日の散歩はもちろん、ドッグランなどで運動する時間も十分に取ろう。

【必須項目】
- しつけ：●●○○○
- お手入れ：●○○○○
- 運動：●●●●○

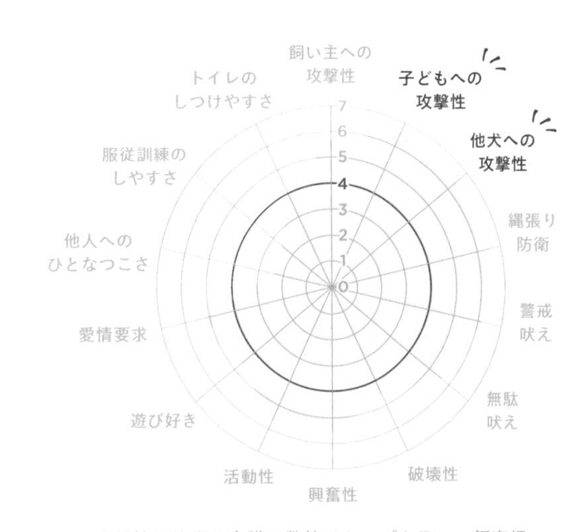

攻撃性や縄張り意識の数値はトップクラス。飼育経験が豊かな人におすすめしたい犬種。

バーニーズ・マウンテン・ドッグ

BERNESE MOUNTAIN DOG

▶ 原産地	スイス
▶ 誕生	古代
▶ 体高	オス 64 ～ 70cm、 メス 58 ～ 66cm
▶ カラー	リッチタンとホワイトのマーキングがある漆黒
▶ 被毛のタイプ	少しウェーブしたダブルコート

Memo

ヨーロッパでは、規定のコース通りに荷車を引くことを競わせるドッグスポーツもあるとか。

やさしさあふれる怪力犬

ルーツと歴史

スイスのベルン周辺の農場で荷車引きや、山岳地帯での牛追い、番犬として活躍していた。スイス原産のマウンテン・ドッグのなかでもっともポピュラーな犬種。スイスでは、ベルンにちなんで「ベルナール・ゼネンフント（ベルンの農場／牧畜犬）」と呼ばれる。「バーニーズ」もベルン（BERN）にちなんだ名前。

元は、とくに多く飼育されていた地域の村落と旅館の名から「デュールベッヘラー」と呼ばれていた。20世紀初頭のドッグショーに登場し、現在の名前になってから、評価が高まった。今では「気はやさしくて力持ち」を絵に描いたような家庭犬として、各国で愛されている。

容姿

大きくがっしりとした、バランスが取れた身体つき。たくましい前肢で首まわりも筋肉質。

ウェーブがかった長めの被毛で、３色からなるトライカラーが特徴。目の上、頬、胸などに生える白や褐色の毛は、子犬のときからくっきりと現れている。靴下をはいているような白い足先もかわいらしいトレードマーク。

十字架型ともいわれる胸の白いマーキングは特徴のひとつ。

性質

番犬としての気質は残しているものの、基本的には陽気でおっとりとした性格。他人に対しても比較的穏やかに接し、むやみに吠えかかることはあまりない。

人と一緒に働いていた作業犬としての歴史から、きちんとしつければ良い伴侶となる。

欧米では一時、人気を受けて乱暴な繁殖が行われたせいか、突然攻撃的になったり、股関節に疾患を持つ個体が増えた時期もあった。

トレードマークとなる３色の毛色は子犬の頃からくっきり。

暮らし方のアドバイス

圧倒的な牽引力。しつけは丁寧に

成犬は身体が大きくパワフルで、引く力が非常に強い。子犬の頃からしっかりしつけて、信頼関係を築いておきたい。ハードな散歩や遊びに付き合う体力が必要。毛量が多く、暑さに弱い。夏場は体調管理に十分注意して。

【必須項目】

- しつけ：
- お手入れ：
- 運　動：

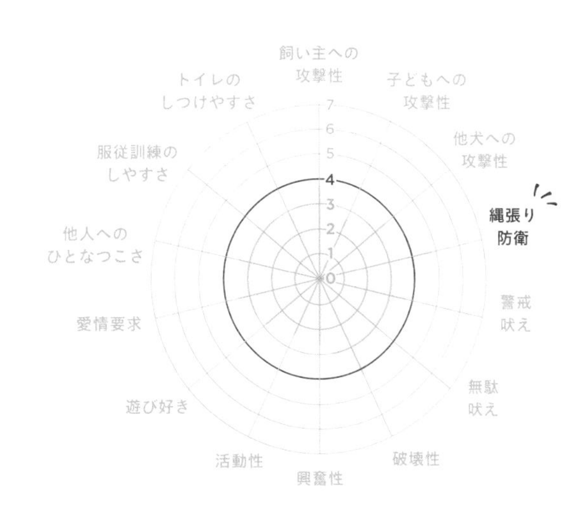

縄張り意識、破壊性がある。訓練性能はそれほど高くないので、トレーナーの手を借りるとより安心。

ブルドッグ

BULLDOG

▶ 原産地	イギリス
▶ 誕生	19 世紀
▶ 体重	オス 25kg、メス 23kg
▶ カラー	ブリンドル、さまざまな色調のレッド、フォーン、ファロー（淡黄色）、ホワイト、パイドなど
▶ 被毛のタイプ	表面がなめらかな短毛

Memo

特徴でもある大きな頭が産道に引っかかるため、帝王切開による出産が一般的。

タフでやさしいイギリスの国犬

ルーツと歴史

12～13世紀にイギリスで流行した「ブル・バイティング（杭につないだ牡牛の鼻に噛みつかせる見せ物）」のための犬として、マスティフ系の犬を改良して作られた。ブルとは牡牛の意味で、ブルドッグという名はこの見せ物に由来する。ブル・バイティングが「非人道的」とされて衰退してからは、犬どうしを闘わせる競技で活躍した。やがてそれも法律で禁止されると、人気は落ち込み絶滅寸前に。そこでブリーダーが、選択繁殖によってどう猛で攻撃的な性質を取り除き、穏やかな犬種に作り上げた。

現在ではやさしく穏やかな家庭犬として親しまれている。イギリスの国犬でもある。

容姿

かつて闘犬だった時代の恐ろしげな見た目を受け継いでいる。体高が低く、幅広でがっしりとした体躯は、まるで重戦車のよう。身体に比して非常に大きな頭部、短い首、幅広の鼻、突き出た下あごなど、独特の風貌を持つ。鼻が低いのは、牡牛に噛みついたときも鼻で息がしやすいよう改良されたものといわれる。体型はユーモラスではあるが、それゆえの健康トラブルも生じやすい。呼吸のときに鼻音がしたら、呼吸器障害の疑いがあるので注意したい。

しわの間は蒸れやすい。こまめに拭いて清潔に保つ。

性質

闘牛・闘犬の花形だった頃の攻撃性や残虐性は、改良によってすっかり消失したといえる。頑固さだけは残っており、時折飼い主にも強情な顔を見せるが、総じて温和でやさしい。愛情豊かで、飼い主だけでなく子どもやほかの犬とも仲良くできる。

子犬の被毛の色は、生まれたときから成犬と同じ。

暮らし方のアドバイス

無理がきかない。運動は最小限に

重心が低くパワーもあるため、体力に自信がある人に向く。最小限の散歩は必要だが、体型的に無理がきかないので運動のさせすぎには注意。暑さに極めて弱い。夏場は外出時だけでなく室内でも温度調節にも注意したい。

【必須項目】

▸しつけ：
▸お手入れ：
▸運　動：

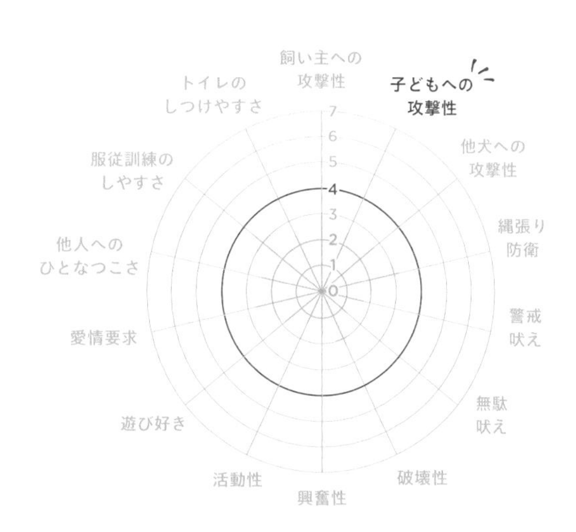

闘犬出身とは思えないほど、攻撃性は低い。活動性、遊び好きの数値も低めで落ち着きがある。

グレート・ピレニーズ

GREAT PYRENEES

▸ 原産地	フランス
▸ 誕生	古代
▸ 体高	オス 70 ～ 80cm 程度、メス 65 ～ 75cm 程度
▸ カラー	白、グレー、薄いイエロー、ウルフカラーなど
▸ 被毛のタイプ	厚いダブルコート

暮らし方のアドバイス

見知らぬ他人には警戒心を示すが、全体的に家庭犬に向いた性質といえる。ただし、その巨体の力は暴走すると大きな事故を引き起こしてしまう。幼犬のうちにトレーニングをしっかり行っておくこと。

厳しい気候にも耐える牧畜番犬

ルーツと歴史

もっとも古い犬種のひとつ。ピレネー山地で牧畜を肉食獣や盗賊から守る番犬として飼育されていた。19世紀末、オオカミやクマが激減した頃にはお役御免。その後は家庭の番犬・伴侶犬として人気となり、普及した。

容姿と性質

堂々たる体躯を誇る。長めの被毛は厚く、山岳での厳しい寒さにもまったくこたえない。後肢には「狼爪」がある。外からの脅威には敢然と立ち向かうが、家族や護衛の対象には深い愛情を示す。従順で子どもにやさしい。

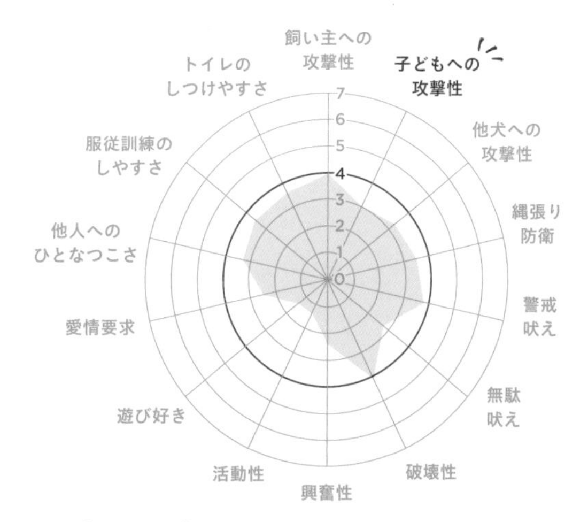

【必須項目】

▸ しつけ：
▸ お手入れ：
▸ 運　動：

ドーベルマン

DOBERMANN

▸ 原産地	ドイツ
▸ 誕生	19 世紀
▸ 体重	オス 40 〜 45kg 程度、 メス 32 〜 35kg 程度
▸ 体高	オス 68 〜 72cm、メス 63 〜 68cm
▸ カラー	赤褐色のタンをともなうブラック、またはブラウン
▸ 被毛のタイプ	硬い短毛

暮らし方のアドバイス

番犬としてこれ以上ない高い能力を備えているが、活かせるかどうかは飼い主しだい。決して飼いやすくはない。「ただの猛獣」にならないよう、完璧に近いトレーニングを心がけて。

「番犬」と聞けば思い浮かぶ犬

ルーツと歴史

1800 年代、チューリッヒの税金の取り立て屋フリードリッヒ・ルイス・ドーベルマン氏が、人から恨みを買いやすい自分を護衛させるために作出。20 世紀に入ると護衛・訓練性能が評価され、警察犬や軍用犬として活躍。

容姿と性質

筋肉隆々だが引き締まったアスリートのような体型。運動能力も高い。ピンと立った耳のイメージが強いが、本来は垂れ耳。警戒心は強く、不審なものを見逃さない。

飼い主には忠誠を尽くす。訓練性能は高い。

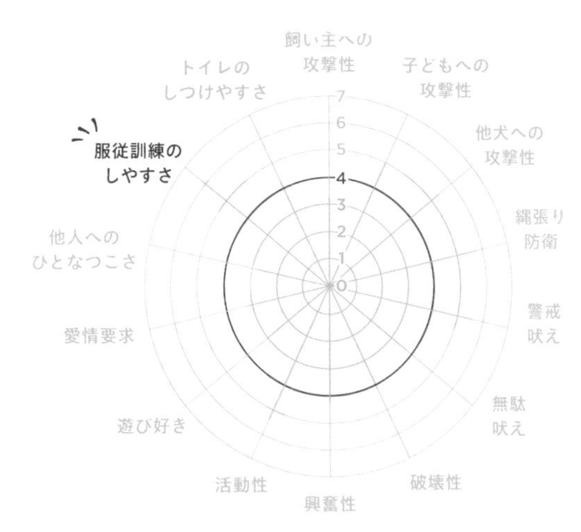

【必須項目】

▸ しつけ ：
▸ お手入れ ：
▸ 運　動 ：

セント・バーナード

ST. BERNARD

▶ 原産地	スイス
▶ 誕生	中世
▶ 体重	オス 70 〜 90cm、 メス 65 〜 80cm
▶ カラー	ホワイトにブラウンの模様、ブラウンにブリンドル、茶色みを帯びたイエロー
▶ 被毛のタイプ	長毛あるいは短毛

暮らし方のアドバイス

攻撃性は低いが、超大型ゆえにしつけは必須。子犬のうちからトレーニングを行い、ひとなつこさを育てたい。活動性は低レベルだが、広い場所で毎日運動できる環境を整えること。

山岳遭難救助のエキスパート

ルーツと歴史

スイスのグラン・サン・ベルナール峠の僧院番犬として飼われていたマスティフ系のマウンテン・ドッグがルーツとされる。19世紀の中頃から、雪山で遭難した人たちの捜索や救助で活躍したことから広く知られるようになった。

容姿と性質

どっしりとした骨格に、たくましい筋肉を備えた超大型犬。前方に垂れた耳とつぶらな目が穏やかな印象をもたらす。その通りのんびりとした性格で、家族や子ども、他の犬に対してもフレンドリーに接する。

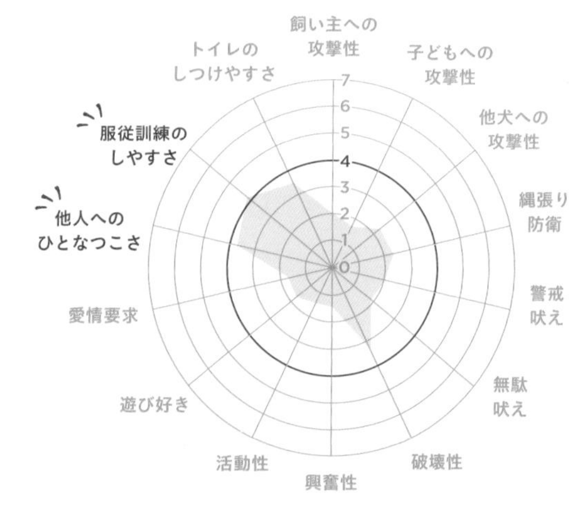

【必須項目】

▶しつけ：3/5

▶お手入れ：4/5

▶運動：4/5

ロットワイラー

ROTTWEILER

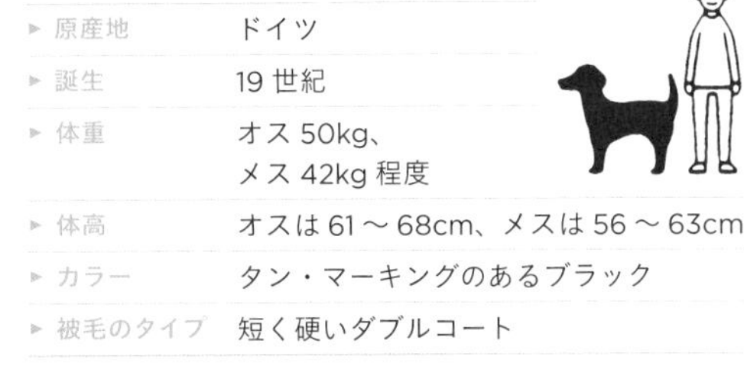

▸ 原産地	ドイツ
▸ 誕生	19 世紀
▸ 体重	オス 50kg、 メス 42kg 程度
▸ 体高	オスは 61 ～ 68cm、メスは 56 ～ 63cm
▸ カラー	タン・マーキングのあるブラック
▸ 被毛のタイプ	短く硬いダブルコート

暮らし方のアドバイス

縄張りの防衛意識が高い。幼犬期からトレーニングを行い、さまざまな人に会わせて社会化させておくことが大切。運動はたっぷりと。一緒にドッグスポーツを楽しむのもおすすめ。

頼もしいガード・ドッグ

ルーツと歴史

ローマ帝国軍に連れられアルプスを越えてきた犬が祖先といわれる。ドイツ南部のロットワイルで牛追い犬や護衛犬として活躍したことから、ロットワイラーの名前が付けられた。

20世紀にドイツで警察犬として正式承認され、世界各国で護衛犬として採用されている。

容姿と性質

パワフルで筋肉質な身体と頑丈なあごを持つ。縄張り防衛の意識が高いため、番犬として頼りになる。飼い主には従順で、落ち着きのある性格。

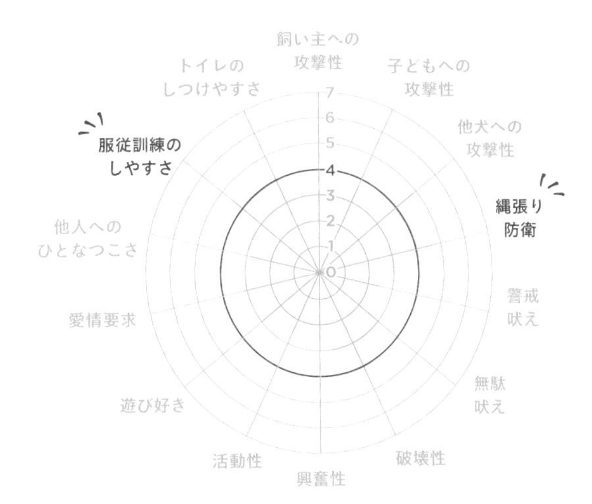

ボクサー

BOXER

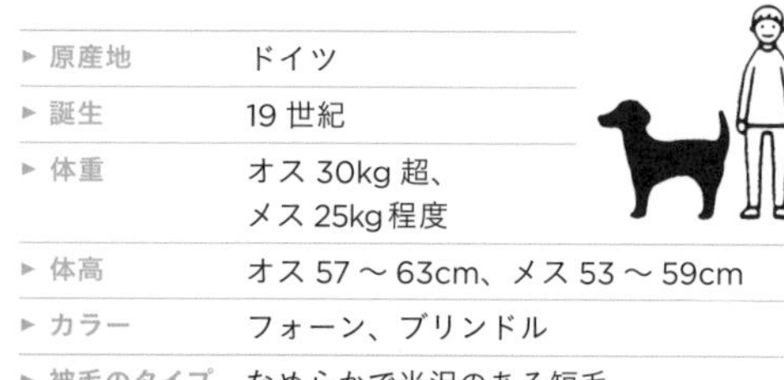

▸ 原産地	ドイツ
▸ 誕生	19 世紀
▸ 体重	オス 30kg 超、 メス 25kg 程度
▸ 体高	オス 57 〜 63cm、メス 53 〜 59cm
▸ カラー	フォーン、ブリンドル
▸ 被毛のタイプ	なめらかで光沢のある短毛

暮らし方のアドバイス

非常に活動性が高いので、十分な運動と刺激が不可欠。自由に運動できるスペースを確保できなければ、毎日時間をかけてリードを付けた引き運動を行う必要がある。

ドイツ初の警察犬

ルーツと歴史

19世紀半ばにドイツの狩猟犬ブレンハイザー・マスティフとブルドッグの交配により誕生。当初はイノシシやクマ、シカなどの狩猟に用いられた。改良され、警備犬や軍用犬として活躍。ドイツで最初に警察犬として認定された。

容姿と性質

筋肉質でよく引き締まり、均整が取れた身体つき。作業能力の高さと愛嬌あふれる顔つきのギャップもこの犬の魅力である。性質は温和かつ、積極的。聡明で訓練性能も高い。子どもにもやさしいので、良い家庭犬になる。

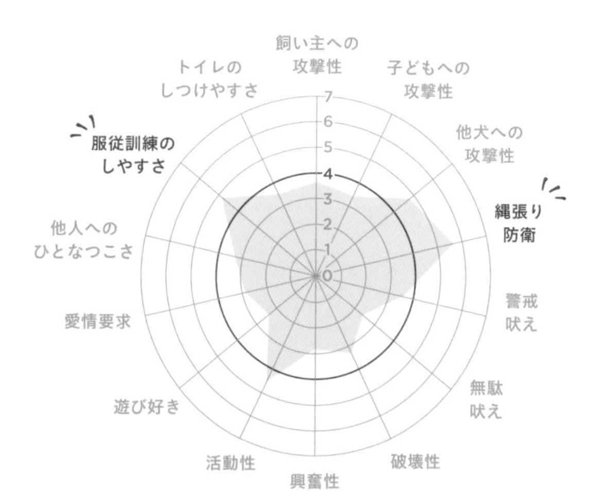

【必須項目】

▸しつけ：

▸お手入れ：

▸運　動：

ニューファンドランド

NEWFOUNDLAND

▸ 原産地	カナダ
▸ 誕生	18世紀
▸ 体重	オス68kg程度、メス54kg程度
▸ 体高	オス71cm、メス66cm
▸ カラー	ブラック、ホワイト＆ブラック、ブラウン
▸ 被毛のタイプ	厚いダブルコート

暮らし方のアドバイス

豊かな被毛をきれいに保つには、時間とお金がかかる。また、大型ゆえ飼育には広いスペースが必要。運動量が豊富。短い散歩では物足りない。暑さに気を付けつつ、毎日引き運動を。

港で活躍した海難救助犬

ルーツと歴史

カナダのニューファンドランド島の港で漁の網を引いたり荷物の運搬作業に携わったほか、海難救助犬としても活躍した。ヴァイキングが連れてきた犬と土着犬の血を引く。

19世紀にイギリスの動物画家ランドシーアの絵画にも描かれ、人気を博した。

容姿と性質

大きな体格はクマを思わせるが、穏やかで子どもにもやさしい。訓練性能は高く、ゆったりした動きで着実な作業を行う。分厚いダブルコートに覆われているので暑さは苦手。

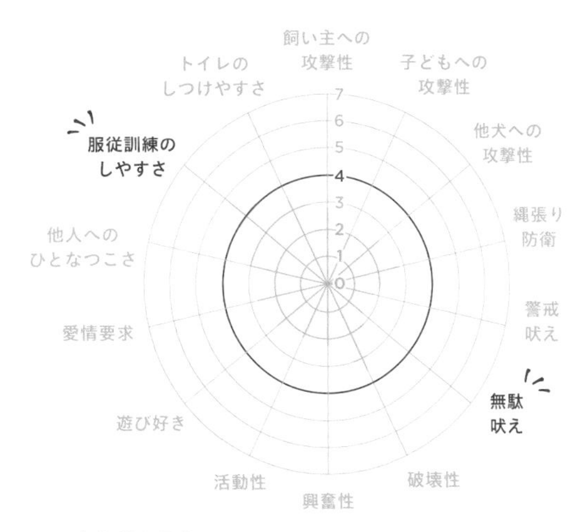

【必須項目】

▸ しつけ：
▸ お手入れ：
▸ 運　動：

グレート・デーン

GREAT DANE

▶ 原産地	ドイツ
▶ 誕生	中世
▶ 体高	オス 80cm 以上、 メス 72cm 以上
▶ カラー	フォーン＆ブリンドル、ハールクイン＆ブラック、ブルー
▶ 被毛のタイプ	なめらかな短毛

暮らし方のアドバイス

大きな身体を健やかに保つには、運動や医療でも万全のサポートが必須。確実にしつけを施せる飼育経験と経済力のある家庭に向く。成長期には骨に負担がかからないよう配慮を怠らないこと。

迫力と気品に満ちたドイツの国犬

ルーツと歴史

ドイツの国犬。チベタン・マスティフやグレーハウンドの血を引く。400年以上前からイノシシ猟に使われていた。1800年代、「鉄血宰相」ことビスマルクがマスティフ系の容姿を好んだことで注目され、1880年頃に現在の姿が固定。

容姿と性質

堂々たる体躯で悠然と歩く姿は迫力満点。聡明で攻撃的ではなく、やさしい気質の持ち主。ただし見知らぬ相手は警戒し、身体の大きさゆえにトラブルにもなりやすい。しっかりしつけることができれば、護衛犬、家庭犬に向く。

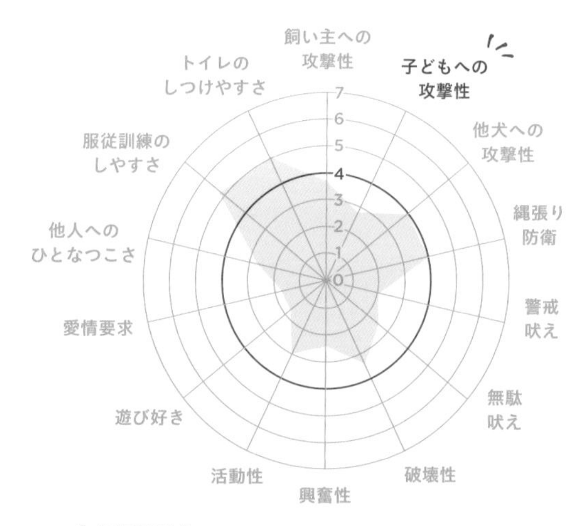

【必須項目】

▶しつけ：

▶お手入れ：

▶運　動：

ジャイアント・シュナウザー

GIANT SCHNAUZER

原産地	ドイツ
誕生	中世
体重	35 〜 47kg
体高	60 〜 70cm
カラー	ピュア・ブラック、ソルト＆ペッパー、ブラック＆シルバー
被毛のタイプ	粗く硬い上毛と柔らかい下毛からなるダブルコート

シュナウザー人気に触発され命名

ドイツ南部で中世から活躍した牛追い犬。当時人気が高かったシュナウザー犬種と特徴が似ていたことでこの名が付けられたが、シュナウザーとは別の系統。ロットワイラーなど家畜の追い立てや主人の護衛を担った犬種の仲間である。黒い剛毛と、がっしりした筋肉質の身体を持つ。性質は穏やかだがスタミナがあり、忍耐力に優れ、学習能力も高い。救助犬として危険な環境で働くこともできる。

ジャーマン・ピンシャー

GERMAN PINSCHER

原産地	ドイツ
誕生	18 世紀
体重	14 〜 20kg
体高	45 〜 50cm
カラー	ディアー・レッド、赤みがかったブラウン、ブラック＆タン
被毛のタイプ	硬い短毛

世界的な人気犬種と祖先を分かつ

各国で人気の家庭犬、ミニチュア・ピンシャーと祖先を分かつ。ドーベルマンの作出にも関わった。しかしミニチュア・ピンシャーに比べると、圧倒的に頭数が少ない。起源は古く、ドイツの農場で害獣駆除や家畜追いなどに使われていた。スムースコートで引き締まった体型。性質はシュナウザーに似ている。高い縄張り意識を持ち、飼い主には献身的に尽くす。訓練性能が高く、救助犬としても優秀。

マスティフ

MASTIFF

▶ 原産地	イギリス
▶ 誕生	古代
▶ カラー	アプリコット・フォーン、シルバー・フォーン、フォーン、ダーク・フォーン・ブリンドル
▶ 被毛のタイプ	短い直毛のダブルコート

勇敢さゆえに一時は猛獣扱いも

正確なルーツは定かではないが、紀元前から存在したとされる古代犬種。軍用犬として戦闘で使用されたり、ライオンやクマとの闘技で活躍した歴史を持ち、一時は猛獣として扱われていた。闘技が法律で禁止されて以降は頭数が減少したが、ドッグショーに出るようになり改良が進んだ。現在では、高い護衛能力はそのままに、飼い主に対する深い愛情と落ち着きを備えた家庭犬として飼育されている。

ボルドー・マスティフ

BORDEAUX MASTIFF

▶ 原産地	フランス
▶ 誕生	古代
▶ 体重	オス最低 50kg、メス最低 45kg
▶ 体高	オス 60 ～ 68cm 程度、メス 58 ～ 66cm 程度
▶ カラー	色素の濃いフォーン
▶ 被毛のタイプ	細く柔らかい短毛

マッチョで恐ろしげだが温和

フランスでもっとも古い犬種のひとつとされるマスティフ系の系統。狩猟犬として大型獣を追ったり、サーカスの闘犬として牡牛に立ち向かったり、警察犬としても活躍した。

1863年にパリのドッグショーに登場して広まった。品種改良によってどう猛な気質は消え、すっかり穏やかになった。しかし、深いしわが刻まれた恐ろしげな顔つき、筋肉質で堂々とした風貌は番犬向き。

グレート・スイス・マウンテン・ドッグ

GREAT SWISS MOUNTAIN DOG

▸ 原産地	スイス
▸ 誕生	古代
▸ 体重	オス 65 ～ 72cm、 メス 60 ～ 68cm
▸ カラー	トライカラー
▸ 被毛のタイプ	硬い上毛と豊かな下毛からなるダブルコート

疲れを知らないタフな使役犬

ローマのマスティフ系犬種の血を引く大型の古代犬種。数百年もの間、農場で荷引犬や牧畜犬として働いていた。絶滅したと考えられていたが、20世紀初頭スイスのアルベルト・ハイム博士に見出され、犬種として再建された。

がっしりした骨格と筋肉質の身体を持ち、スタミナがある。飼い主と家族に対しては愛情深く、見知らぬ人にはものおじしない。学習能力も高く、家庭犬として評価されている。

レオンベルガー

LEONBERGER

▸ 原産地	ドイツ
▸ 誕生	19 世紀
▸ 体高	オス 72 ～ 80cm、 メス 65 ～ 75cm
▸ カラー	ライオン・イエロー、レッド、 レディッシュ・ブラウン、サンド
▸ 被毛のタイプ	厚いダブルコート

まるで泳ぎ上手なライオン

19世紀、ドイツのレオンベルク市に住む愛犬家が、市の紋章のライオンに似た犬を作ろうとセント・バーナードやニューファンドランドなどを交配して作出。鋭い嗅覚や水好きの気質を受け継ぐ使役犬が誕生した。よく水をはじく被毛を持ち、指の間の皮膚は水かきのように発達。今も水難救助犬として活躍する。

超大型犬だが、温和でひとなつこく、とくに子どもにやさしいので家庭犬にも向く。

アーフェンピンシャー

AFFENPINSCHER

▸ 原産地	ドイツ
▸ 誕生	17世紀
▸ 体重	4～6kg程度
▸ 体高	25～30cm
▸ カラー	純黒
▸ 被毛のタイプ	粗いダブルコート

サルのような風貌がユニーク

ドイツ語で、アーフェンはサル、ピンシャーはテリアの意味。大きな目や豊かなひげなど、サルに似た愛嬌のある風貌が特徴。正確なルーツは定かではないが、ミニチュア・シュナウザーと同系で、ブリュッセル・グリフォンの作出に関わったとされる。ドイツ南部で家庭犬として飼育され、ネズミやウサギ猟で活躍した。

小柄だが、性質はタフで注意深く、恐れ知らず。番犬としての活躍も期待できる。

イタリアン・コルソ・ドッグ

ITALIAN CORSO DOG

▸ 原産地	イタリア
▸ 誕生	古代
▸ 体重	オス45～50kg、 メス40～45kg
▸ 体高	オス64～68cm程度、 メス60～64cm程度
▸ カラー	ブラック、グレー、ブリンドルなど
▸ 被毛のタイプ	短く光沢のあるダブルコート

絶滅の危機から復活した古代の番犬

古代ローマの軍用犬を祖先に持ち、何百年前の文献にも登場する歴史ある犬種。一時はほぼ絶滅したが、1900年代に再建された。機動性豊かな身体能力と活動的な性質を活かし、番犬、牛追い犬、狩猟犬としてマルチに働いた。

現在はショードッグや家庭犬としても人気がある。頑健でがっしりとした体型。飼い主には忠実で愛情深いが、縄張り意識が高い。家族以外の者を受け入れる訓練が必須。

シャー・ペイ

SHAR-PEI

原産地	中国
誕生	16世紀
体高	44～51cm
カラー	白以外の全てのソリッド・カラー
被毛のタイプ	硬い直毛

砂のような手触りが名前の由来

中国南部の広東省で、漢の時代から存在していた古い犬種。番犬や狩猟犬、後に闘犬としても活躍していたという。絶滅の危機に陥ったこともあるが、香港のブリーダーがアメリカに紹介し、注目された。直立した短い被毛が特徴で、中国語で「シャー・ペイ」とは「砂のようにザラザラした皮膚」という意味。皮膚が垂れ下がっているため物悲しげに見えるが、性質は明るく愛情深い。独立心旺盛で頑固な面もある。

セントラル・アジア・シェパード・ドッグ

CENTRAL ASIA SHEPHERD DOG

原産地	ロシア
誕生	中世
体高	オス65cm以上、メス60cm以上
カラー	ホワイト、ブラック、グレー、ストロー、ジンジャー、グレー・ブラウン、ブリンドル、パイボールドおよび斑
被毛のタイプ	長毛あるいは短毛のダブルコート

長い歴史に培われた誇り高き番犬

紀元前2000年から、中央アジア全域で活躍してきた牧畜番犬。砂漠の暑さ、寒さ、乾燥といった過酷な自然環境下で、遊牧民とともに暮らし、彼らと牧畜たちをオオカミから守ってきた勇敢な番犬。猛獣の攻撃から身を守るために耳と尾は短く切ることも。がっしりした筋肉質の身体と、誇り高く自信に満ちた顔つきが魅力。優秀な番犬ゆえの防衛本能を持ち、自立心旺盛。現在は使役犬としても活躍している。

ブルマスティフ

BULLMASTIFF

▶ 原産地	イギリス
▶ 誕生	19 世紀
▶ 体重	オス 50 ～ 59kg、 メス 41 ～ 50kg
▶ 体高	オス 63.5 ～ 68.5cm、 メス 61 ～ 66cm
▶ カラー	ブリンドル、フォーンまたは赤の色調
▶ 被毛のタイプ	粗い上毛を持つダブルコート

勇敢で評判の高い護衛犬

名前の通り、ブルドッグとマスティフをかけ合わせた犬種。領地に侵入する密猟者を捕らえるために作出された。ブルドッグの勇敢な気質と、マスティフのパワフルな身体能力を兼ね備えており、世界各地で警察犬や警備犬として活躍している。

筋骨たくましい身体で、相手を威圧する迫力がある。落ち着いた性格だが、マイペースで意志が強いため、しつけには根気が必要。

ピレニアン・マスティフ

PYRENEAN MASTIFF

▶ 原産地	スペイン
▶ 誕生	古代
▶ 体高	オス 77cm 以上、 メス 72cm 以上
▶ カラー	ホワイトにグレーやゴールデン・イエローなどの斑
▶ 被毛のタイプ	豊かな下毛のある中毛

獣から家畜を守るガードマン

ピレネー山脈の牧場で、オオカミやクマの襲撃から家畜を守る役割を担ってきた。スペインのアラゴンとナヴァラの間の地域で発展したため、ナヴァラ・マスティフとも呼ばれた。一時の絶滅寸前から持ち直したが、今も稀少な犬種。

頑強な巨体を誇る。顔まわりに左右対称のくっきりとした模様がある。気立てが良くものおじしない性格で人にもほかの犬にもやさしいが、トレーニングは欠かせない。

エストレラ・マウンテン・ドッグ

ESTRELA MOUNTAIN DOG

▶ 原産地	ポルトガル
▶ 誕生	古代
▶ 体重	オス 40 ～ 50kg、 メス 30 ～ 40kg
▶ 体高	オス 65 ～ 72cm 程度、 メス 62 ～ 68cm 程度
▶ カラー	フォーン、ウルフ・グレー、イエロー
▶ 被毛のタイプ	長毛あるいは短毛のダブルコート

高山帯で過酷な仕事をこなす

ポルトガルのエストレラ山脈でオオカミから羊を守る番犬として古くから活躍してきた。マスティフ系犬種ならではのがっしりとした体型。高山部の寒冷な気候にも耐えぬく厚い2層の被毛が特徴。季節により、羊たちとともに山を下りたり再び登ったり、牧草地への移動を繰り返す生活をしていたため、頑健な体力を持つ。他の多くの牧畜番犬同様、高い警戒心を抑える入念なトレーニングが必須。

コーカシアン・シェパード

CAUCASIAN SHEPHERD

▶ 原産地	ロシア
▶ 誕生	中世
▶ 体高	オス 65cm 以上、 メス 62cm 以上
▶ カラー	シェードのあるグレー、ホワイト、赤みがかったブラウン、ブリンドルなど
▶ 被毛のタイプ	粗い上毛を持つダブルコート

ドイツ国境で歴史を目撃した犬

かつてはロシア（旧ソビエト連邦）全域で、オオカミやクマの襲撃から羊を守る牧畜番犬として活躍。「シェパード」と名は付くが別の系統。護衛能力が評価され、ソビエト政府により警備犬や軍用犬として採用された。1960年代には旧東ドイツに入り「ベルリンの壁」沿いの国境警備のために数千頭が任務にあたっていた。壁の崩壊後、任を解かれた警備犬の多くがドイツの一般家庭に引き取られ、繁殖が進んだ。

シャルプラニナッツ

SARPLANINAC

▶ 原産地	セルビア、マケドニア
▶ 誕生	古代
▶ 体重	オス 35 ～ 45kg、 メス 30 ～ 40kg
▶ 体高	オス平均 62cm、メス平均 58cm
▶ カラー	全ての単色
▶ 被毛のタイプ	頭部、耳、脚の前部は短毛、その他は長毛

今もなお現場で活躍する牧畜番犬

旧ユーゴスラビア南東部のサラ山脈周辺において古くから牧畜番犬として飼われてきた。それ以前の正確なルーツについては不明だが、アジアから人々とともにヨーロッパへと渡ってきた犬たちの子孫であることは間違いない。

家庭犬として普及し始めたのはごく最近。現在でも牧畜業の盛んな地域では番犬として飼育されている個体もいる。牧畜番犬の部類では比較的穏やかな性質のようである。

スタンダード・シュナウザー

STANDARD SCHNAUZER

▶ 原産地	ドイツ
▶ 誕生	中世
▶ 体重	14 ～ 20kg
▶ 体高	45 ～ 50cm
▶ カラー	ブラック、ソルト＆ペッパー
▶ 被毛のタイプ	ワイアー状の上毛と柔らかい下毛からなるダブルコート

なんでもこなす万能使役犬

南ドイツ（バイエルン州周辺）で古くから飼育されてきた使役犬。身体の大きさにより、ジャイアント、スタンダード、ミニチュアの3種に分けられている。性質も若干異なり、それぞれで番犬、狩猟犬、牛追いや警察犬など得意分野がある。スタンダードは厩舎でネズミを狩る番犬だった。賢く、物覚えが良く、訓練しやすい。さまざまな仕事に適応する。

体質は抵抗力に優れ、病気も少ない。

スパニッシュ・マスティフ

SPANISH MASTIFF

▸ 原産地	スペイン
▸ 誕生	古代
▸ 体高	オス 77cm 以上、 メス 72cm 以上
▸ カラー	全ての毛色
▸ 被毛のタイプ	密生した中毛

超大型で怪力、頼れる用心棒

　そのルーツは数千年も昔にまでさかのぼる。スペインの丘陵地帯の広大な牧場でオオカミから家畜を守り、また盗賊よけに農家を警備する役割を果たしてきた。筋肉質で超大型の体躯は圧倒的な剛力を誇り、時に軍用犬として戦場に駆り出されたことも。現在でも牧場や工場などの警備や、大型獣向けの狩猟犬として飼育されている。飼い主と家族には従順で、比較的穏やかだが、他の犬には好戦的な面がある。

チベタン・マスティフ

TIBETAN MASTIFF

▸ 原産地	チベット（中国）
▸ 誕生	古代
▸ 体高	オス 66cm 以上、 メス 61cm 以上
▸ カラー	リッチ・ブラック、ブラック＆タン、さまざまなシェードのゴールドなど
▸ 被毛のタイプ	粗く密生した上毛と羊毛状の下毛からなるダブルコート

マルコ・ポーロの時代からの犬

　はるか昔からヒマラヤ地方やチベットの遊牧民や仏教寺院で飼育されてきた。アリストテレスやマルコ・ポーロによるアジア見聞の著作にも登場するほどに古い犬種。世界中の牧畜番犬や警護犬種の始祖ともいわれている。ヨーロッパに持ち込まれブリーディングされて以降は、それまでの強く荒々しい性格はいくぶんか抑制されたものの、飼育にはテクニックが必要。
　中国の富裕層に人気があることでも有名。

プレサ・カナリオ

PRESA CANARIO

▶ 原産地	スペイン
▶ 誕生	中世
▶ 体重	オス 50 ～ 65kg、 メス 40 ～ 55kg
▶ 体高	オス 60 ～ 66cm 程度、 メス 56 ～ 62cm 程度
▶ カラー	ブリンドル、フォーン、サンディーなど
▶ 被毛のタイプ	粗い短毛

カナリア諸島の闘犬出身

スペインのカナリア諸島の土着犬に、スペイン本土より開拓者とともにやってきたマスティフ系の牧畜番犬と、イギリスとの交易で持ち込まれた闘犬種とをかけ合わせ作出。闘犬や牧畜番犬として人気を博したが、1940年代に闘犬が禁止され、頭数が減少。

その後、闘争心に改良が加えられ、マスティフ系特有の大きな身体と力強さに加えて、家族への忠誠心を併せ持つ犬種となった。

土佐

TOSA

▶ 原産地	日本
▶ 誕生	19 世紀
▶ 体高	オス 60cm、 メス 55cm
▶ カラー	レッド、フォーン、アプリコット、ブラック、ブリンドル
▶ 被毛のタイプ	硬く密生した短毛

世界に知られる犬界の力士

闘技を目的とし、四国と洋犬との交配によって誕生した根っからの闘犬。ブルドッグやマスティフ、ジャーマン・ポインター、グレート・デーンなど、そうそうたる猛犬たちが作出に使われた。大きな頭に垂れ耳、筋肉質で頑健な体躯は、マスティフ系の血を引く証。忍耐強く勇気があり、闘争心にあふれている。闘いは土俵で行われ、相撲のように番付が発表される。横綱に選ばれた犬は化粧回しと綱で飾られる。

ナポリタン・マスティフ

NEAPOLITAN MASTIFF

原産地	イタリア
誕生	古代
体重	オス 60 ～ 70kg、 メス 50 ～ 60kg
体高	オス 65 ～ 75cm 程度、 メス 60 ～ 68cm程度
カラー	グレー、ブラック、ブラウン、フォーン
被毛のタイプ	厚い短毛

見た目に反して温和で利口

紀元前、ローマ軍によってヨーロッパ中に広められた軍用犬マスティフの子孫。その後絶滅したと考えられていたが、ナポリで生き延びていた。1946年に熱心な愛犬家の尽力により繁殖が進みドッグショーに登場。再び注目されるようになった。

恐ろしげな見た目と超重量級の身体つきとは裏腹に、温和で利口。むやみに人を攻撃することもない。主人に忠実でよく守る。

ブラジリアン・ガード・ドッグ

BRAZILIAN GUARD DOG

原産地	ブラジル
誕生	19 世紀
体重	オス最低 50kg、 メス最低 40kg
体高	オス 65 ～ 75cm、 メス 60 ～ 70cm
カラー	ホワイト、マウス・グレー以外の色
被毛のタイプ	密生した短毛

家族以外みな敵！　生粋の番犬

17世紀にポルトガルやスペインの入植者が持ち込んだマスティフ系の犬や、ブラッドハウンド、ブルドッグなどとの交雑によって誕生。盗賊や大型肉食獣の撃退、牛追い、狩猟などで活躍した。高い縄張り意識が特徴で、ブラジルでは「オージェリーザ（見知らぬ人に対する不信）」と評される。飼い主とその家族以外は全て敵とみなして攻撃しかねないため、一般の家庭で飼育するのは難しい。

ドゴ・アルヘンティーノ

DOGO ARGENTINO

▸ 原産地	アルゼンチン
▸ 誕生	20 世紀
▸ 体高	オス 62 〜 68cm、 メス 60 〜 65cm
▸ カラー	ホワイト
▸ 被毛のタイプ	厚くまっすぐな短毛

闘犬の戦闘力を受け継ぐ狩猟犬

アルゼンチンの闘犬をルーツに持つ。20世紀初頭、アントニオ・マルチーネス教授がグレート・デーンやブル・テリア、ポインターなどと交配を重ね、狩猟犬として改良。ピューマやジャガー、イノシシなどの狩猟に用いられた。

筋肉質で頑強な身体つき。鋭い嗅覚と俊敏さ、闘争力でどう猛な大型獣を追い詰める。闘犬らしい気性の激しさはやわらいだものの、勇敢で恐れ知らず。飼育経験の豊富な人に向く。

COLUMN 3

高度な訓練を受けて活躍。現代日本の働く犬たち

今の日本では多くの犬が家庭犬として飼育されているが、警察の捜査や救助活動などに携わる犬もいる。主なものは以下の通り。毎年行われる審査で実技試験に合格したり、訓練所でトレーニングを受けたりといった特別な試験・訓練を経て認定されることが多い。普段は一般の家庭犬と同じように暮らし、提携機関の要請に応じて働く犬もいる。

身体障害者補助犬	身体障害者補助犬法に基づき訓練・認定される。盲導犬、介助犬、聴導犬として身体障害者の生活を助ける。
探知犬	嗅覚による探知能力を活かして働く。麻薬探知犬や爆発物探知犬、動植物検疫探知犬などがいる。
災害救助犬	地震や土砂崩れなどの災害で行方不明者の捜索に携わる。被災者の呼気や体臭などを嗅ぎつけて探知し、吠えて場所を知らせる。
警察犬	警察の捜査活動を手伝う犬。足跡の追求やにおいの嗅ぎ分けによって、犯人や遺留品、行方不明者などを発見する。
セラピー犬	高齢者や病気の治療を必要とする人に対し、コミュニケーションを通じて心身の機能回復を助ける。
がん探知犬	人間の呼気や尿から、がんが発生するにおい物質を嗅ぎ分け、早期発見につなげる。

PART / 5

巣穴にすむ獲物をしとめる

テリア

比較的小柄でかわいらしい容姿から、都市部でもペットとして人気だが、実は元猟犬。甘え上手の愛玩犬グループとは一線を画す。
体力も気力も十分。活発、陽気で、恐れ知らず。「テリア気質」と呼ばれる独特の気質を備えた、付き合いがいのある犬たちである。

TERRIERS

テリアとは

アナグマやキツネ、カワウソなどの狩猟に携わった犬たち。地中の巣穴に逃げ込んだ獲物を吠えてその場にとどめたり、吠えながら巣穴にもぐり込んで獲物を追い出したりする役目を担った。とくに19世紀のイギリスでは、土地の形状や狩猟スタイルに合わせて、さまざまなテリアが作られた。

勇猛果敢で恐れ知らずの性質と小柄な体格を活かし、農場においてネズミなどの小型の害獣退治でも活躍した。

激しく吠えながら、アナグマやカワウソなどの巣穴に果敢に飛び込んだ。

POINT 1

体高が低い

狭い巣穴にもぐり込む必要があるため、脚が短く体高の低い犬種が多い。一方、岩場のキツネ狩りなどで岩の隙間に入り込めるよう、身体の幅が薄い犬種も作られた。

貴族の娯楽である
キツネ狩りで活躍。

POINT 2

スタミナがある

小柄で愛玩犬として飼育されることが多いものの、ルーツは猟犬ゆえ、運動量が大きい。散歩や身体を使った遊びにたっぷり時間をかけることで、運動欲が満たされる。

POINT 3

独特のテリア気質

勇敢で気が強く、独立心旺盛。陽気で遊び好きだが、何かの拍子に一気にヒートアップする独特の性質は「テリア気質」とも呼ばれる。しつけには時間がかかることも。

農場でネズミなどの
害獣退治を担った。

ヨークシャー・テリア

YORKSHIRE TERRIER

▶ 原産地	イギリス
▶ 誕生	19 世紀
▶ 体重	3.2kg まで
▶ カラー	後頭部から尾の付け根までダーク・スチール・ブルー、胸部は鮮やかなタン
▶ 被毛のタイプ	絹糸状の上毛を持つダブルコート

Memo

ショーなどで被毛を長く伸ばしたスタイルにする際は、専用の紙で被毛を巻き保護する。

工業地帯出身の“動く宝石”

ルーツと歴史

かつてイギリス北部にあったヨークシャー地方の工業地帯で、19世紀に作出された犬種。労働者たちがネズミ捕りのために、マンチェスター・テリア、スカイ・テリア、マルチーズなどを交配させて作ったといわれている。羊毛工場で働く労働者たちが、手に付いた羊毛の脂を拭き取ろうとして、ネズミ捕り用の犬になすりつけたところ、被毛が切れにくくなり、長く伸び続けたという伝承もある。

光沢のある美しい被毛に覆われた優雅な容姿は「動く宝石」と称され、現在は家庭犬として、またショー・ドッグとして世界中で愛好されている。愛称は「ヨーキー」。

容姿

テリア種のなかではもっとも小さく、顔幅も狭い。シルクのようにまっすぐ伸びた長い被毛と、大きな目がチャームポイント。ドッグショーでは被毛を長く伸ばした優雅なスタイルが定番だが、家庭犬としては短く刈った多様なトリミングスタイルが楽しめる。前頭部の被毛は目にかからないよう、リボンで結ぶのが定番。

顔や身体の被毛を短く刈り込むスタイルも人気。

性質

小さな身体と可憐な容姿からは想像もつかないほどエネルギッシュ。見知らぬ人や犬に対して警戒心を持ち、勇敢に立ち向かう気の強いところがある。飼い主には忠実。甘えん坊の一面もあり、身体をすり寄せてきたり、抱っこをしてもらいたがったりすることも。その分、寂しがり屋なので、留守番は得意ではない。

また、骨が細く、関節もあまり強くないのでケガに注意。床で滑ったりしないよう対策を。

生まれたての子犬はブラックで、成長とともに変化。

暮らし方のアドバイス

甘やかしすぎず信頼関係を築く

つい甘やかしたくなる可憐な容姿だが、テリア気質は健在。攻撃性と防衛意識が強い。しっかりしつけをして信頼関係を築いておく。被毛を美しく保つために、定期的なトリミングやこまめなホームケアが欠かせない。

【必須項目】

- しつけ：●●●○○
- お手入れ：●●●●●
- 運　動：●●●○○

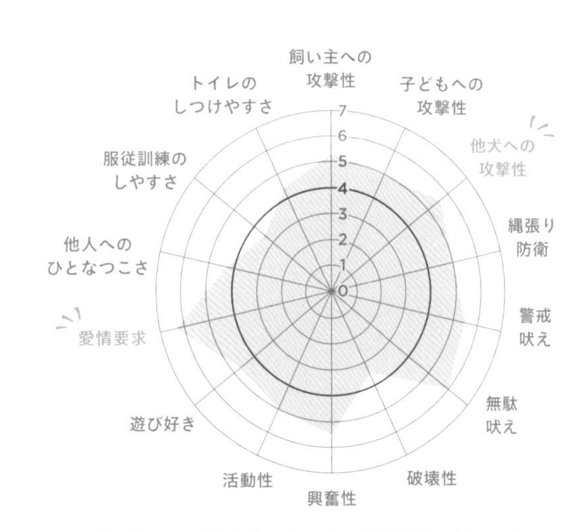

遊び好きで愛情要求も高いが、訓練性能は低い。しっかりかまってしつけに時間を割ける人に向く。

ジャック・ラッセル・テリア

JACK RUSSELL TERRIER

▸ 原産地	イギリス
▸ 誕生	19 世紀
▸ 体重	5 ～ 6kg
▸ 体高	25 ～ 30cm
▸ カラー	ホワイトにブラックまたはタンのマーキング
▸ 被毛のタイプ	スムース、ブロークン、ラフ

Memo

「見た目ではなく、狩猟能力を真に極めた犬がほしい」というハンターの思いから誕生。

牧師の理想が込められた狩猟犬

ルーツと歴史

1800年代にイギリスのジャック・ラッセル牧師が、キツネなど小型獣狩猟のためにフォックス・テリアを改良して作出した。

ラッセル氏なき後、狩猟家たちが思いを継いで繁殖。見た目を重視するショーに出場させることを避け、あくまで狩猟犬としての能力を高めることが優先された。

このため、ジャック・ラッセル・テリアの愛好家はショー・ドッグと一線を画そうと独自のクラブを設立。イギリス・ケネルクラブには登録されてこなかった。近年になってようやくオーストラリアで改良されたタイプがジャック・ラッセル・テリアの名称で登録された。

容姿

祖先のフォックス・テリアを改良する過程で2つの系統に分かれ、四肢が長く体高が高い方を「パーソン・ラッセル・テリア」、体高が低く身体がわずかに長いものを「ジャック・ラッセル・テリア」と呼ぶようになった。

白いボディに黒や茶色の模様が入る。スムースコート、長毛と短毛が混じるブロークンコート、粗い長毛のラフコートの3タイプがある。

利発な印象を与えるアーモンド型の暗色の目。

性質

動くものには素早く飛びかかって噛みつくなど、狩猟本能は極めて高い。見知らぬ人やほかの犬にはとくに攻撃的になる傾向がある。

一方、信頼する家族に対しては愛情深くふるまう。抜群の運動神経を誇り、あらゆるスポーツを一緒に楽しむことができる犬。ただし、気の強さは天下一品。しつけは容易ではないことを覚悟しておきたい。

無尽蔵のスタミナに付き合える人に向く。

暮らし方のアドバイス

アクティブな付き合いを楽しんで

縄張り防衛意識が強くよく吠える。飼い主にも子どもにも攻撃性が高い。十分なトレーニングが必要。それができれば良き家庭犬になる。非常に活発で遊び好き。長距離の散歩に加え、広い場所に放ち、思い切り走らせたい。

【必須項目】

- しつけ：
- お手入れ：
- 運　動：

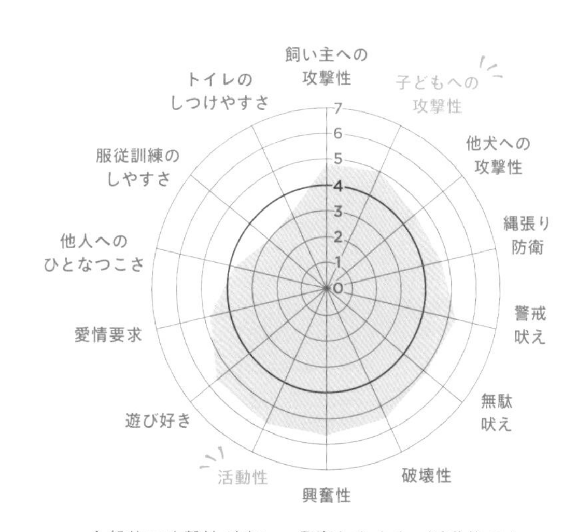

全般的に攻撃性が高い。興奮しやすく、活動的でよく吠える。訓練能は非常に低い。

ウエスト・ハイランド・ホワイト・テリア

WEST HIGHLAND WHITE TERRIER

▸ 原産地	イギリス
▸ 誕生	19 世紀
▸ 体高	28cm 程度
▸ カラー	ホワイト
▸ 被毛のタイプ	硬い上毛を持つダブルコート

暮らし方のアドバイス

無駄吠えや警戒吠え、子どもへの攻撃性がやや高い。訓練性能は低めでしつけには根気がいる。定期的な運動は必須。厚い被毛ゆえに皮膚病にかかりやすいので注意が必要。

キツネと区別しやすい白い毛色

ルーツと歴史

ケアーン・テリアの白い個体をルーツに持つ。キツネ猟で間違えて誤射することがないよう、キツネと区別しやすい白いテリアが繁殖された。1908年にアメリカで公認。

スコッチウイスキーの宣伝に使われて世界に広まった。愛称は「ウエスティー」。

容姿と性質

エレガントな見た目に反し、立派なテリア気質を持つ。闘争心や好奇心が強く、小型獣の狩猟で活躍する。怖いもの知らずでよく吠えるので、不審者を追い払う番犬としても優秀。

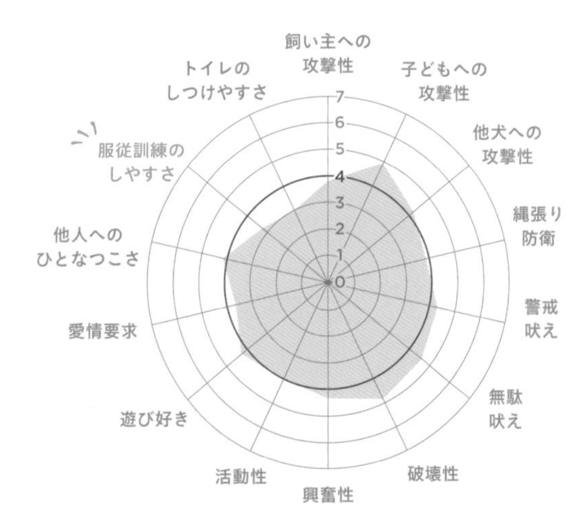

【必須項目】

▸ しつけ：

▸ お手入れ：

▸ 運　動：

スコティッシュ・テリア

SCOTTISH TERRIER

▶ 原産地	イギリス
▶ 誕生	19世紀
▶ 体重	8.6～10.4kg
▶ 体高	25.4～28cm
▶ カラー	ブラック、ウィートン、ブリンドル
▶ 被毛のタイプ	針金状の上毛を持つダブルコート

暮らし方のアドバイス

テリアのなかでは落ち着きがあるが、子どもや他人には攻撃的になることもある。しっかりとトレーニングを行い、多くの人と接触させる社会化も必須。飼育の難易度は高い。

独立独歩のワンパーソンドッグ

ルーツと歴史

スコットランドのアバディーン生まれで、アバディーン・テリアとも呼ばれた。ケアーン・テリアをルーツに持ち、1800年代半ばに改良され、キツネやアナグマ猟で活躍した。フランクリン・ルーズベルト大統領の愛犬としてホワイトハウスで飼育されていたことでも有名。

容姿と性質

眉毛のような被毛を持つ独特な風貌はディズニーの『わんわん物語』にも描かれた。主人は一人と決めて付き従う「ワンパーソンドッグ」。こだわりが強く頑固でエネルギッシュ。

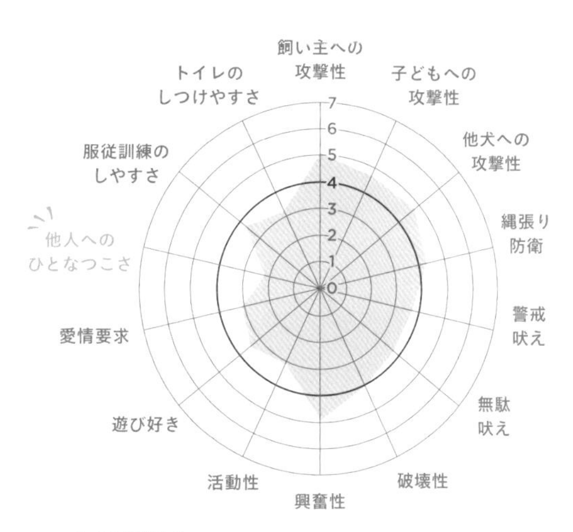

【必須項目】

▶ しつけ：2/5

▶ お手入れ：5/5

▶ 運　動：3/5

ワイアー・フォックス・テリア

WIRE FOX TERRIER

▸ 原産地	イギリス
▸ 誕生	19 世紀
▸ 体重	オス 8.25kg 程度、メスはオスよりわずかに軽い
▸ 体高	オス 39cm まで、メスはオスよりわずかに低い
▸ カラー	ホワイトにブラック、ブラック＆タン、タンのマーキング
▸ 被毛のタイプ	針金状の上毛を持つダブルコート

暮らし方のアドバイス

紳士のようなフォトジェニックな容貌が人気だが、飼い主や子どもへの攻撃性は高め。根気よくしつけを行う必要がある。被毛は密生しているので、丁寧にブラッシングを。

イギリスの伝統的なテリア種

ルーツと歴史

貴族のキツネ狩りの狩猟犬として作出された。キツネ色のテリアだったが、誤射されないよう、またキツネを追う役目もこなせるようハウンドが交配され、3色毛に。ほかのテリアの血も加わりワイアーとなった。当初はスムースとひとくくりだったが別犬種として確立された。

容姿と性質

長方形の頭部と、四角い身体つきが特徴。狩猟犬であるテリア気質が強く、活発で好奇心旺盛。ささいなことに反応する神経質な一面もある。飼育経験が豊富な人向けの犬といえる。

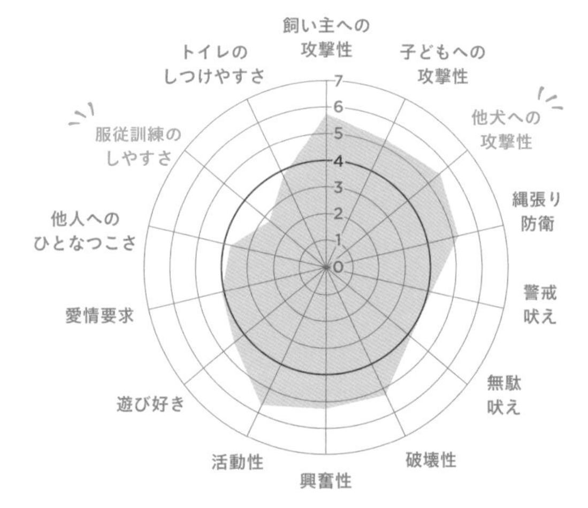

【必須項目】

▸ しつけ：1/5

▸ お手入れ：4/5

▸ 運動：4/5

ミニチュア・ブル・テリア

MINIATURE BULL TERRIER

▸ 原産地	イギリス
▸ 誕生	19 世紀
▸ 体高	35.5cm まで
▸ カラー	ホワイト、ブリンドル、ブラック・ブリンドル、レッド、フォーン、トライカラー
▸ 被毛のタイプ	光沢のある短毛

暮らし方のアドバイス

攻撃性が高く、ひとなつこさや愛情要求が低い。闘犬ではなくネズミ退治で活躍した犬種。できるだけ穏やかな血統を選び、小さいうちから時間をかけてしつけやトレーニングを。

ユニークな容姿に秘めた闘志

ルーツと歴史

スタンダードサイズのブル・テリアをもとに4.5kg以下の小型の作出を目指し繁殖が重ねられたが、規定を満たすには至らなかった。

厳密には小型とはいえないが、標準よりは小さなサイズの血統から固定・作出された。

容姿と性質

他の犬種と見間違えようがない個性的な卵型の頭部。体躯は小柄だが、全身が引き締まった筋肉質。四肢は短めだが骨太でたくましい。

明るく活発だが、頑固。興奮するとなかなかおさまらない。他の犬や動物には寛容ではない。

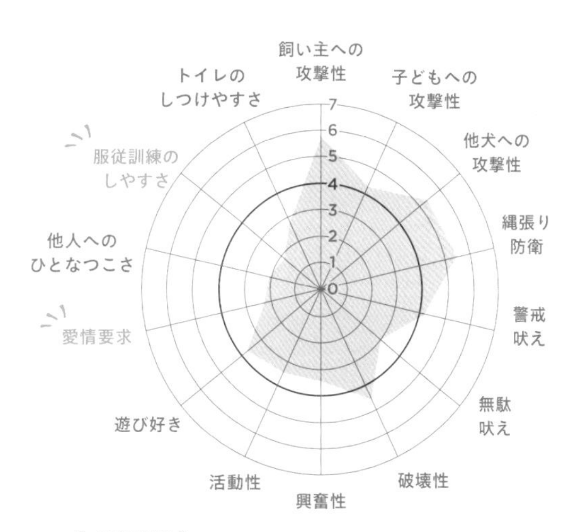

【必須項目】

▸ しつけ：
▸ お手入れ：
▸ 運動：

ケアーン・テリア

CAIRN TERRIER

▸ 原産地	イギリス
▸ 誕生	中世
▸ 体重	6 ～ 7.5kg
▸ 体高	28 ～ 31cm
▸ カラー	クリーム、ウィートン、レッド、グレー、ほぼブラック
▸ 被毛のタイプ	むく毛状のダブルコート

暮らし方のアドバイス

この犬種本来の性格やあふれるスタミナ、雨や霧の多い気象条件に順応した被毛は、屋外での遊びでこそ本領を発揮する。飼い主自身の運動の相棒として最適。

豊かな自然の風景で映えるテリア

ルーツと歴史

もっとも古いテリア種のひとつ。スコットランドの象徴的な風景「積み石」の隙間からネズミなど害獣を追い出す役目を担っていた。当時はただ「テリア（大地の犬）」と呼ばれていた。犬種認定時にケアーン（積み石）の名を冠した。

容姿と性質

小柄で短躯だが華奢ではない。各部位が骨太でたくましい。スタミナがあり疲れ知らず。身体のサイズに反しあごの力が強い。ぼさぼさの被毛は撥水性が高く、雨や泥をはじく機能がある。

ものおじせず大胆。独立心が強く賢い。

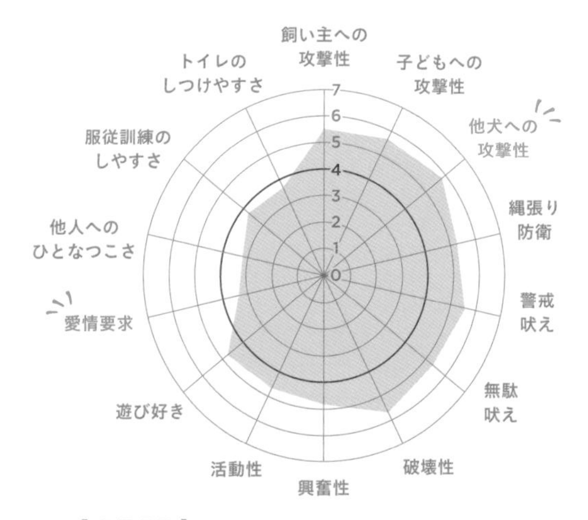

【必須項目】

▸ しつけ：3/5
▸ お手入れ：3/5
▸ 運動：3/5

ノーフォーク・テリア

NORFOLK TERRIER

▸ 原産地	イギリス
▸ 誕生	19 世紀
▸ 体高	25 ～ 26cm
▸ カラー	レッド、ウィートン、ブラック＆タン、グリズル
▸ 被毛のタイプ	粗くカールしたダブルコート

先の丸い垂れ耳がチャームポイント

20世紀初めのイギリス・ノーフォーク州で、まだ小型テリアが珍しい時代に狩猟犬として作出された。ノーリッチ・テリアと同一犬種とされていたが、1964年に立ち耳をノーリッチ、垂れ耳をノーフォークとして区別するように。垂れ耳の先がやや丸みを帯びているのも特徴。

ネズミ捕り犬として働いていた歴史から、飼い主や他のペットとも仲良くできる。見知らぬものには吠えかかるので番犬にも向く。

ウェルシュ・テリア

WELSH TERRIER

▸ 原産地	イギリス
▸ 誕生	18 世紀
▸ 体重	9 ～ 9.5kg
▸ 体高	39cm まで
▸ カラー	ブラック＆タン、ブラック・グリズル＆タン
▸ 被毛のタイプ	針金状の上毛を持つダブルコート

何世紀も前から存在する古いテリア

エアデール・テリアを小型化したようにも見えるが、その歴史は古く、1760年にイギリス・北ウェールズで作出された。祖先はオールド・イングリッシュ・ブラック・アンド・タン・テリア。キツネやイタチ、アナグマ、ウサギ、ネズミなどの小動物から家畜を守り、使役犬として飼われていた。小柄だが、俊敏で活発、恐れ知らず。独立心にあふれている。信頼関係を築くためには毅然とした態度でしつけを。

トイ・マンチェスター・テリア

TOY MANCHESTER TERRIER

▸ 原産地	イギリス
▸ 誕生	16 世紀
▸ 体重	2.7 ～ 3.6kg
▸ 体高	25 ～ 30cm
▸ カラー	ブラック＆タン
▸ 被毛のタイプ	光沢のある短毛

「ろうそくの炎」のような耳

イギリスに古くからいる短毛のマンチェスター・テリアを小型に改良した犬種。原産国のイギリスでは、イングリッシュ・トイ・テリアと呼ばれている。

マンチェスター・テリアは折れ耳だが、こちらは「ろうそくの炎」と表現される立ち耳が特徴。背中はやや弧を描き、被毛は短くなめらかで光沢がある。好奇心旺盛で活発、ものわかりの良い小型犬。都心部でも飼育しやすい。

日本テリア

JAPANESE TERRIER

▸ 原産地	日本
▸ 誕生	18 世紀
▸ 体高	30 ～ 33cm
▸ カラー	頭部はブラック、タン、ホワイト。ボディはホワイトにブラック・スポットなど
▸ 被毛のタイプ	光沢のある短毛

すらりとした港町のアイドル犬

1700年代にオランダから日本の長崎県にもたらされたスムース・フォックス・テリアに、日本土着の小型犬を交配して作出した愛玩犬。神戸や横浜などの港町でかわいがられた。かつては「ミカド・テリア」とも呼ばれた。

四角張った身体とすらりとした脚の持ち主。白い身体に黒い頭部が印象的。動きは機敏で軽やか。抱き犬だった習性から、飼い主に甘えるのが好き。子どもにもよくなつく。

エアデール・テリア

AIREDALE TERRIER

原産地	イギリス
誕生	19 世紀
体高	オス 58 〜 61cm、 メス 56 〜 59cm
カラー	ボディ、首や尾の上部はブラックまたはグリズル。他はタン
被毛のタイプ	針金状の上毛を持つダブルコート

大きくて賢い「テリアの王様」

イギリスのヨークシャー原産。水辺のカワウソ猟で重宝されたオッター・ハウンドと、キツネ狩りなどに用いられたテリアの血を引く。

1884年、イギリスのドッグショーで優勝し、人気犬種の仲間入り。日本でも昭和初期に軍用犬として活躍した。テリアのなかでもっとも大きく、「キング・オブ・テリア」とも称される。元気で賢く、自立心もある。水泳や追跡が得意で、優れた警察犬としても有名。

レークランド・テリア

LAKELAND TERRIER

原産地	イギリス
誕生	18 世紀
体重	オス 7.7kg、メス 6.8kg
体高	37cm まで
カラー	ブラック＆タン、ブルー＆タン、レッド、ウィートン、レッド・グリズルなど
被毛のタイプ	カールした上毛を持つダブルコート

山岳地帯での獣猟で活躍

数百年の歴史を持つともいわれる古いテリア種。イギリス北部の山岳地帯レークランドで、キツネやアナグマなどを狩るために作られた。

狭い肩幅は、獲物を追って岩場の隙間にもぐり込むのに便利。20世紀初頭、イギリスで愛犬家クラブが発足。アメリカでショー・ドッグとして活躍した時期もある。

毛色は成犬になるまでの間に濃い色から薄い色へと変化。エネルギッシュで運動が好き。

ノーリッチ・テリア

NORWICH TERRIER

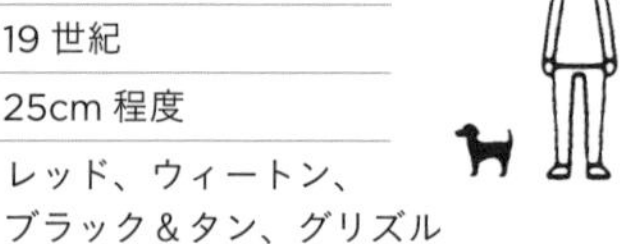

▸ 原産地	イギリス
▸ 誕生	19 世紀
▸ 体高	25cm 程度
▸ カラー	レッド、ウィートン、 ブラック＆タン、グリズル
▸ 被毛のタイプ	針金状の短いダブルコート

立ち耳が特徴、小さな狩人

イギリスのノーリッチ周辺でネズミ捕りをしていたアイリッシュ・テリアの血を引く赤毛の小型犬が祖先という説がある。もともとはノーフォーク・テリアと同一犬種とされていたが、1932年にイギリスで別犬種として公認された。恐れ知らずで地中の獣にも果敢に挑む。ドッグショーで「名誉の傷跡」が許されているほど。

複数の犬で狩りをしていた習性からか、他の犬とも仲良く付き合える。

ブル・テリア

BULL TERRIER

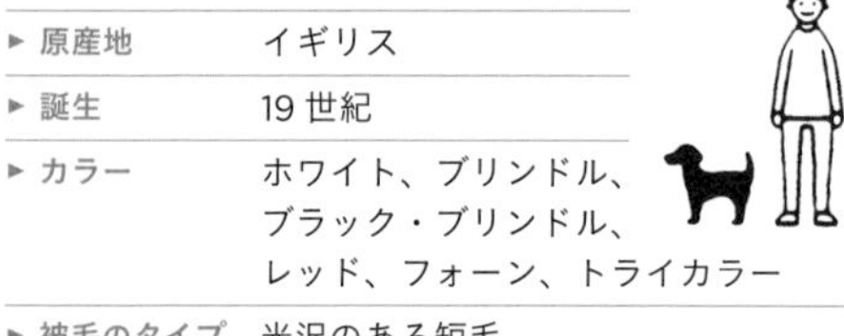

▸ 原産地	イギリス
▸ 誕生	19 世紀
▸ カラー	ホワイト、ブリンドル、 ブラック・ブリンドル、 レッド、フォーン、トライカラー
▸ 被毛のタイプ	光沢のある短毛

とぼけた顔をした闘犬出身

牛やクマを相手にする闘犬として、現在は絶滅したホワイト・イングリッシュ・テリアとブルドッグとの交配によって作出された。闘犬が廃止された後、闘争心は弱められ、体格もスマートに改良されていった。

卵型の顔につぶらな三角形の目が離れて付いており、独特のとぼけた表情を生み出している。飼い主には忠誠心がありほかの人にもフレンドリー。ただし犬とはケンカになりやすい。

ボーダー・テリア

BORDER TERRIER

▸ 原産地	イギリス
▸ 誕生	18 世紀
▸ 体重	オス 5.9 ～ 7.1kg、 メス 5.1 ～ 6.4kg
▸ カラー	レッド、ウィートン、グリズル＆タン、 ブルー＆タン
▸ 被毛のタイプ	硬い上毛を持つダブルコート

ずっと変わらぬトラディショナル

イングランドやスコットランドには各地方に土着のテリア種が存在した。本種はボーダーズ地方出身。他の地方のテリアとほぼ交わることがないまま血統が維持され、発祥時期から変わらない容姿をとどめている。テリアのなかで小型の部類だが、馬に伴走できるほどの体力を備えている。狩猟能力が高く、かつてはキツネやアナグマ猟に使われていた。病気に強く、健康的で手がかからない。長寿の個体も多い。

ケリー・ブルー・テリア

KERRY BLUE TERRIER

▸ 原産地	アイルランド
▸ 誕生	18 世紀
▸ 体重	オス 15 ～ 18kg、 メスはわずかに軽い
▸ 体高	オス 45.5～49.5cm、メス 44.5～48cm
▸ カラー	ブルーの色調
▸ 被毛のタイプ	柔らかくウェービーなシングルコート

アイルランドの誇り高き万能テリア

アイルランドのケリー州がルーツ。国犬として公式に認定されている。ウサギ、キツネ、アナグマ、さらには水中のカワウソまで、どんな環境にすむ獲物でも対応する万能な狩猟犬として重宝されてきた。のみならず、番犬や牧羊犬、警察犬までこなす。スマートな体型がダンディで魅力的。闘争本能が強いことでも知られている。意志が強く、協調性のある犬に育てるのには根気と時間を必要とする。

ベドリントン・テリア

BEDLINGTON TERRIER

▸ 原産地	イギリス
▸ 誕生	19 世紀
▸ 体重	8.2 〜 10.4kg
▸ 体高	41cm 程度
▸ カラー	ブルー、レバー、サンディー、ブルー＆タン、レバー＆タンなど
▸ 被毛のタイプ	細くカールしたダブルコート

見た目で判断すると痛い目を見る

ベドリントン市周辺の炭鉱労働者に多く飼われていたためこの名が付いた。犬種としての成り立ちは不明なところが多い。ほっそりとした体型で、綿毛に包まれた子羊のような外観とは裏腹に激しい気性。かつての仕事は狩猟犬や闘犬。「羊の皮をかぶったオオカミ」という異名が似合う。

家族には保護本能を発揮するので番犬向き。他の犬には攻撃的な面があるので注意を。

シーリハム・テリア

SEALYHAM TERRIER

▸ 原産地	イギリス
▸ 誕生	19 世紀
▸ 体重	オス 9kg 程度、 メス 8.2kg 程度
▸ 体高	31cm まで
▸ カラー	ホワイト、ブラウン、ブルーなど
▸ 被毛のタイプ	長い針金状の上毛を持つダブルコート

ハンターのために作られたテリア

作出者ジョン・エドワード大佐が住んでいた「シーリハム邸」にちなみ、この名が付けられた。彼はキツネやアナグマ猟専門の用途を目的にこのテリアを作出。珍犬種だが、イギリスでは今でも狩猟犬として飼育するハンターもいる。

短躯だが骨太でたくましい。針金状の豊かな被毛は手入れを怠るとマット状になる。こまめなトリミングが必要。複数頭のチームで狩猟に臨むため協調性は高い。

アイリッシュ・ソフトコーテッド・ウィートン・テリア

IRISH SOFT-COATED WHEATEN TERRIER

▸ 原産地	アイルランド
▸ 誕生	19 世紀
▸ 体重	オス 18 〜 20.5kg、メスは少し軽い
▸ 体高	オス 46 〜 48cm、メスは少し小さい
▸ カラー	ウィートンの色調
▸ 被毛のタイプ	柔らかな絹糸状のシングルコート

スポーツ万能、なんでもこなす

200年ほど前から存在し、アイルランドの犬種では古い歴史を持つが、ケネルクラブから公式に認定されたのは1930年代と比較的新しい。農場で作業させる万能使役犬として飼育された。体格は大柄で、それを活かし牧羊犬としても活躍していた。

家庭で飼育する際も十分な量の運動時間を確保する必要がある。さまざまなバリエーションのスポーツをさせると良い。

パーソン・ラッセル・テリア

PARSON RUSSELL TERRIER

▸ 原産地	イギリス
▸ 誕生	19 世紀
▸ 体高	オス 36cm 程度、メス 33cm 程度
▸ カラー	ホワイトか、ホワイトにタン、レモン、ブラックの斑
▸ 被毛のタイプ	スムース、ブロークン、ラフ

ある牧師が追い求めたテリアの夢

ジャック・ラッセル・テリアを作出したラッセル牧師が本来目指したテリアとは、穴に潜んだ獣を追い出す能力だけでなく、チームを組み猟をするフォックス・ハウンドと同等の、長距離走の能力を備えたものだった。牧師はその点だけ、ジャック・ラッセル・テリアに納得がいかなかった。彼が作出したジャック・ラッセル・テリアの容姿のまま、長い脚を備えたこのテリアが犬種認定されたのは彼の没後。

アメリカン・スタッフォードシャー・テリア

AMERICAN STAFFORDSHIRE TERRIER

▸ 原産地	アメリカ
▸ 誕生	19 世紀
▸ 体高	オス 46 ～ 48cm 程度、メス 43 ～ 46cm 程度
▸ カラー	ほぼホワイト、ブラック＆タン、レバー以外の全ての色
▸ 被毛のタイプ	なめらかな短毛

交配でアメリカナイズされた闘犬

1800年代、イギリス人の移民に連れられてアメリカに渡ったスタッフォードシャー・ブル・テリアがルーツとされる。さまざまな犬種の血統が入り、強靭な肉体と激しい気性を持つ闘犬として誕生した。その後、選択繁殖によって闘争心は弱められた。今では家庭犬として落ち着いているとはいえ、ほかの犬に対しては本能的に闘争欲を発揮してしまう。一緒に暮らすにはトレーニングや社会化は必須。

アイリッシュ・テリア

IRISH TERRIER

▸ 原産地	アイルランド
▸ 誕生	18 世紀
▸ 体重	オス 12.25kg、メス 11.4kg
▸ 体高	45.5cm
▸ カラー	レッド、レッド・ウィートンなど
▸ 被毛のタイプ	針金状の上毛を持つダブルコート

大戦で有能さを証明した庶民の犬

アイルランドでもっとも古いテリア種のひとつ。農家で番犬や猟犬、護衛犬、家庭犬としてマルチに働いていた。第一次世界大戦では、軍の伝令犬として働き、有能さを証明したという。飼い主には忠実で、訓練もしやすい。家庭犬として、子どもにもやさしくふるまう。とはいえ、テリアならではの闘争心や防御能力は健在。

幼い頃から丁寧にしつければ良いパートナーになる。

オーストラリアン・シルキー・テリア

AUSTRALIAN SILKY TERRIER

原産地	オーストラリア
誕生	20 世紀
体重	3.5 ～ 4.5kg
体高	オス 23cm 程度、メスはやや低い
カラー	ブルー＆タン、グレー・ブルー＆タン
被毛のタイプ	絹糸状の上毛を持つダブルコート

美しい「センター分け」が特徴

オーストラリアン・テリアやヨークシャー・テリアから作られた犬種。1959年、AKC（アメリカン・ケンネル・クラブ）に公認された。

頭から尾までの分け目に沿って、被毛が左右に分かれるのが特徴。絹糸のような美しい毛はこまめな手入れが必要。優美な外見に似合わず活動的で、長時間の散歩も好む。強情なところがあるので、しつけはしっかりと行う。見知らぬ人がいると、甲高い声で吠える。

オーストラリアン・テリア

AUSTRALIAN TERRIER

原産地	オーストラリア
誕生	19 世紀
体重	オス 6.5kg 程度、メスはやや軽い
体高	オス 25cm 程度、メスはやや低い
カラー	ブルー、スチール・ブルーなど
被毛のタイプ	ダブルコート

飾り毛で身を守りヘビと闘う

オーストラリアの農場や牧場でネズミやヘビを退治する番犬として愛されてきた小型テリア。首や胸に広がる「エプロン」と呼ばれる飾り毛は、ヘビと闘うときの防具代わりとして役立ったという。体型は、脚の長さに対して胴が長く、たくましい。素朴な印象を与える硬い被毛は、毛玉になりやすいため、こまめなブラッシングが必要。テリアらしく好奇心旺盛で活動的。飼い主に忠実でしつけはしやすい。

ジャーマン・ハンティング・テリア

GERMAN HUNTING TERRIER

▶ 原産地	ドイツ
▶ 誕生	20世紀
▶ 体重	オス9～10kg、メス7.5～8.5kg
▶ 体高	33～40cm
▶ カラー	ブラック、ダーク・ブラウンなど
▶ 被毛のタイプ	スムース、ワイアー

土中も水中もOK、マルチな猟犬

20世紀初頭、ドイツの狩猟家が生み出したテリア。「森の猟師の犬」という別名があり、イノシシ、アナグマ、キツネや水鳥などさまざまな狩猟を手助けする。力強いあごと丈夫な歯、筋肉質の脚など獲物を追うのに最適な身体と賢さを持ち、多くのハンターから愛されている。

作業意欲があって飼い主には忠実だが、狩猟本能が強く、運動が大好き。飼育するには広い場所に放して走らせることが必要。

スカイ・テリア

SKYE TERRIER

▶ 原産地	イギリス
▶ 誕生	17世紀
▶ 体高	オス25～26cm、メスはわずかに小さい
▶ カラー	ブラック、ブラックポイントがあるグレー、フォーン、クリーム
▶ 被毛のタイプ	豊富で長いダブルコート

長い毛をまとった独特なフォルム

テリアのなかでも古い歴史を持つ犬種。生息地だったスコットランド西北端のスカイ島が名前の由来。カワウソやアナグマの猟に用いられていたといわれる。イギリスの歴代女王からかわいがられ、名声が広まった。頭のてっぺんからベールをかけたような長毛は、島の厳しい自然環境を生き抜くなかで育まれた。今では激しいテリア気質は多少落ち着き、猟犬としてより被毛の美しさが愛好されるようになった。

スムース・フォックス・テリア

SMOOTH FOX TERRIER

▸ 原産地	イギリス
▸ 誕生	18世紀
▸ 体重	オス7.3～8.2kg、メス6.8～7.7kg
▸ カラー	ホワイト、ホワイトにタンまたはブラック＆タン、ブラックのマーキング
▸ 被毛のタイプ	なめらかで密生した直毛

音楽会社のアイコンとして有名

もともとはキツネ猟のための犬としてワイアー・フォックス・テリアとひとくくりにされていたが、1876年に別犬種として確立した。かつてはワイアータイプより頭数が多かったが、その後逆転された。身体は小さいが、俊敏でエネルギッシュ。大変な働き者で、ヨーロッパでは今でもキツネやアナグマ狩りで活躍している。

この犬が蓄音機に耳を傾ける姿が、音楽会社のアイコンとして有名になった。

ダンディ・ディンモント・テリア

DANDIE DINMONT TERRIER

▸ 原産地	イギリス
▸ 誕生	18世紀
▸ 体重	8～11kg
▸ カラー	ペッパー、マスタード
▸ 被毛のタイプ	硬い上毛を持つダブルコート

小説から名が付いた綿帽子の犬

18世紀にスコットランドとイングランドの国境近くで誕生した小型猟犬。イギリスの小説家ウォルター・スコットが、自身の作品の主人公ダンディ・ディンモントが飼育するテリアとして描写し、それが犬種名となった。狩猟や害獣駆除で活躍し、やがて貴族たちにも注目された。

大きな目と、頭部を飾る綿帽子のような被毛がキュート。テリア気質を持ちながらも、比較的穏やかで甘え上手。家庭犬にも向く。

チェスキー・テリア

CHESKY TERRIER

▸ 原産地	チェコ共和国
▸ 誕生	20 世紀
▸ 体重	6 〜 10kg
▸ 体高	25 〜 32cm
▸ カラー	グレー・ブルー、ライト・コーヒー・ブラウン
▸ 被毛のタイプ	ややウェーブのかかった長毛

チェコで誕生した理想の狩猟犬

チェコのブリーダーが、アナグマ狩りに適した理想の狩猟テリアを目指し、シーリハム・テリアとスコッチ・テリアをかけ合わせて作出した。短足で小柄、筋肉質の身体。ガッツがあり、恐れ知らずの強い気質。地中にある獣の巣穴に果敢に飛び込んでいくテリアならではの狩猟スタイルに必要なものを兼ね備えている。

ひとなつこく訓練にもよくついてくる。現在では家庭犬としても人気がある。

マンチェスター・テリア

MANCHESTER TERRIER

▸ 原産地	イギリス
▸ 誕生	18 世紀
▸ 体高	オス 40 〜 41cm 程度、メス 38cm 程度
▸ カラー	漆黒に濃いマホガニーのタンが分布
▸ 被毛のタイプ	硬くなめらかな短毛

ネズミ駆除競争で庶民を魅了

18世紀頃、庶民の余興であった「ラットベイティング（囲いの中で、時間内にネズミをどれだけ多く狩れるか競う）」に使われたテリアをベースに、小型のサイトハウンドをかけ合わせ、ウサギ狩り犬として作出された。推理作家アガサ・クリスティーの愛犬でもあった。

漆黒の身体にくっきりとした茶色の模様が特徴。性質は、鋭敏で頑固、活発そのもの。ネズミ駆除犬だった頃のテリア気質は健在。

PART / 6

吠え声と嗅覚で獲物を追い詰める

嗅覚系獣猟犬

キツネなどの獣の狩猟で活躍した犬たち。優れた嗅覚で獲物を探知、追いかけ、大きな声で吠えついたり、ハンターに知らせたりした。
日本では家庭犬として知られているが、ヨーロッパでは、このグループの仲間とされるさまざまな犬たちが、今も現役で狩猟の手伝いをしている。

DACHSHUNDS/SCENTHOUNDS
AND RELATED BREEDS

嗅覚系獣猟犬とは

銃の発明以前に活躍した古い猟犬。テリア種が巣穴から追い立てた獲物を、嗅覚を活かして追跡、追い詰める役目を担った。

数十頭からなる集団を作りスピードを活かして追跡するタイプと、ゆっくりとした足取りで獲物の足跡や血痕を追うタイプがあり、後者は短足に改良された。

ダックスフンドは、テリアと同じようにアナグマに吠えついて巣穴にとどめる役割のほか、シカやイノシシの痕跡を探し、追い立てる仕事をした。

ハンターは吠え声を頼りに獲物との距離を測った。

POINT 1

優れた嗅覚

嗅覚を頼りに獲物を追っていた経験から、においを嗅ぐという行為は大好き。気になるにおいを嗅ぎつけると、それに気を取られて夢中になってしまうことも。

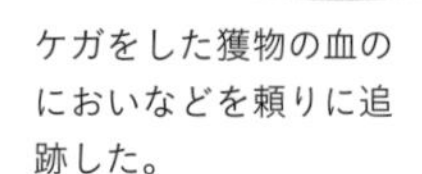

ケガをした獲物の血のにおいなどを頼りに追跡した。

POINT 2

大きな吠え声

獲物のにおいを探し当てると大声で吠え、ハンターたちはその吠え声を頼りに、獲物との距離や状況を推測した。家庭犬となった犬も、吠えやすい習性を残している。

何頭もの群れが集団で吠え、獲物を追い詰める。

POINT 3

独立心旺盛

猟犬時代はハンターから離れて獲物を追っていたことから、飼い主と密接にコミュニケーションをとるよりも、自分で判断し、行動することを好む独立心旺盛なタイプ。

ダックスフンド

DACHSHUND

▸ 原産地	ドイツ
▸ 誕生	20 世紀
▸ サイズ	スタンダード：オス 37 ～ 47cm、メス 35 ～ 45cm ミニチュア：オス 32 ～ 37cm、メス 30 ～ 35cm カニーンヘン：オス 27 ～ 32cm、メス 25 ～ 30cm（*）
▸ 被毛のタイプ	スムース、ワイアー、ロング

*生後 15 ヵ月で測定したキ甲の最高点から胸の最低点までの胸囲

Memo

ヨーロッパでは、アナグマの巣穴にもぐれるよう胸囲が重要視され、サイズ区分の基準にも。

胴長短足のキュートな人気犬種

ルーツと歴史

ドイツ語で「ダックス」は「アナグマ」、「フンド」は「猟犬」の意味で、その名の通り、アナグマ狩りの猟犬。ルーツは諸説あるが、中央ヨーロッパに存在したジャーマン・ハウンドが祖先と考えられている。また、古代エジプトのファラオの彫刻に見られる四肢の短い小型犬が祖先という説もある。

代名詞ともいえる胴長短足の体型は、地中にあるアナグマやキツネの巣穴にもぐりやすいように改良されたためである。1700年より前から存在していた古い犬種で、ヨーロッパでは狩猟犬として活躍してきた。現在は、家庭犬として人気が高い。

容姿

サイズが3種（スタンダード、ミニチュア、カニーンヘン）、コートが3種（ロングヘアード、スムースヘアード、ワイアーヘアード）あり、9つのタイプに分けられる。

毛色は、レッドやクリームなどの単色、濃いブラック、ブラウンにタンマークの2色、ダップル（マール）、ブリンドルなどのパターンなど、多彩なバリエーション。特徴的な体型は、腰やひざに無理がかかりやすいので注意が必要。

性質

ひとなつこく社交的、遊ぶことが大好きで、飼い主への愛情要求も高い。飼い主以外の人や他の犬種とも仲良くできるが、猟犬としての名残から、勇敢で興奮しやすい一面も持つ。獲物の位置を吠えてハンターに知らせることができるように改良されてきたため、大きな声でよく吠える。スタミナも十分にある。

犬種誕生当初は、スムースのみが標準とされていた。

日本で人気のミニチュアは巣穴の小さいウサギ狩で活躍。

暮らし方のアドバイス

ストレス発散で吠えぐせを防ぐ

愛情不足や運動不足でストレスをためると無駄吠えがくせになってしまう。多頭飼いの場合、一斉に吠えることも。散歩や遊びの時間は十分作ること。スムース以外のコートは、定期的なトリミングも必須。

【必須項目】

- しつけ：■■■□□
- お手入れ：■■■□□
- 運　動：■■■□□

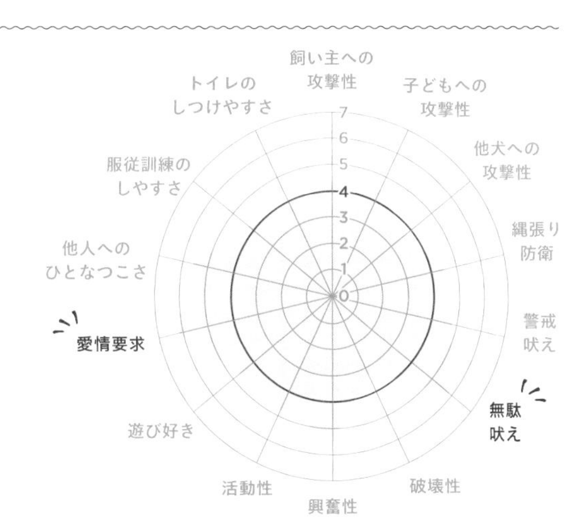

吠えるのはこの犬の特技でもある。猟犬出身だが、愛情要求が高いので愛玩犬にも向く。
※レーダーチャートの数値は「ミニチュア・ダックスフンド」の場合

ビーグル

BEAGLE

▶ 原産地	イギリス
▶ 誕生	14 世紀
▶ 体高	33 ～ 40cm
▶ カラー	レバー色以外の ハウンド・カラー。尾の先は白
▶ 被毛のタイプ	なめらかで光沢のある短毛

暮らし方のアドバイス

狩猟犬としての習性から、警戒吠えが多い。吠え声が問題にならないような環境で飼育するのが理想的。垂れ耳は蒸れやすい。外耳炎予防のためにこまめな耳掃除を。

温和で愛され気質。肥満に注意

ルーツと歴史

イギリスに古くからいるハウンド犬種を祖先に持つ。エリザベス1世の時代に、ウサギ狩りに用いた小型のハウンドを「ビーグル」と呼んでいた。現在も狩猟で活躍しているが、愛情深くて狩猟犬のなかではおとなしいため、家庭犬として人気を博している。

容姿と性質

食欲旺盛で太りやすい。引き締まった体型を維持するために、食餌や運動に気を配りたい。性質はひとなつこい。興奮しやすいが、その対象となるものがなければ基本的に温和。

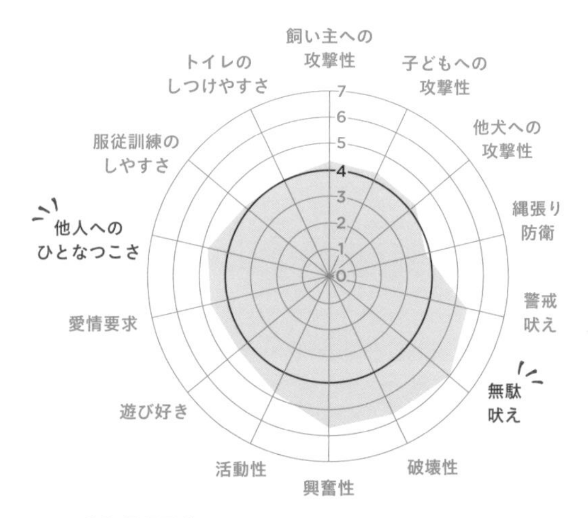

【必須項目】

- しつけ：
- お手入れ：
- 運　動：

ダルメシアン

DALMATIAN

▸ 原産地	クロアチア・ダルメシア地方
▸ 誕生	古代
▸ 体重	オス 27 〜 32kg 程度、メス 24 〜 29kg 程度
▸ 体高	オス 56 〜 61cm、メス 54 〜 59cm
▸ カラー	ピュア・ホワイトに、ブラックまたはブラウンのスポット
▸ 被毛のタイプ	硬く密生した短毛

暮らし方のアドバイス

とても活動的で遊び好き。長時間走らせるなどのハードな運動を行い、ストレスをためさせないことが大切。また、訓練性能が低いので、早いうちからトレーニングを行った方がよい。

美しい斑模様で映画のモデルに

ルーツと歴史

起源は定かでないが、現クロアチアのダルメシア地方の土着犬がルーツという説がある。狩猟犬としてだけでなく、容姿の美しさから、サーカスの曲芸、馬車のエスコート役など、さまざまな役割を担ってきた。ディズニー映画『101匹わんちゃん』のモデルとしても有名。

容姿と性質

身体は筋肉質で、首が長い。ホワイト地にブラックまたはレバー・ブラウンのくっきりした斑模様が特徴。性質は友好的な一方、警戒心が強く、オスどうしでケンカを始めることも。

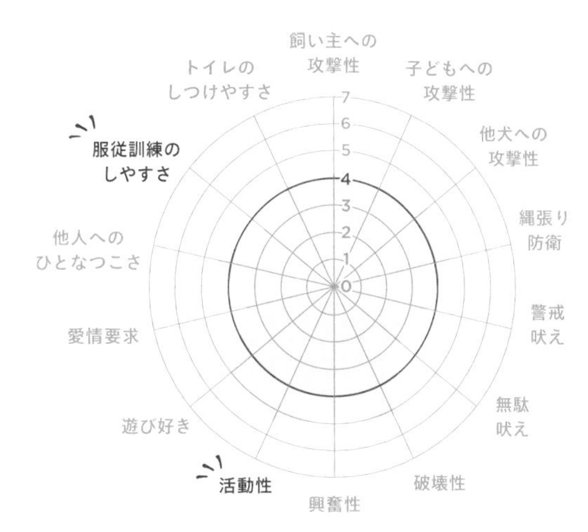

【必須項目】

▸ しつけ：
▸ お手入れ：
▸ 運　動：

バセット・ハウンド

BASSET HOUND

▶ 原産地	イギリス
▶ 誕生	16 世紀
▶ 体重	33 〜 38cm
▶ 体高	ブラックとホワイトと タンのトライカラー、レモンとホワイト のバイ・カラー
▶ 被毛のタイプ	硬くなめらかな短毛

暮らし方のアドバイス

活動性が非常に低いので、運動はゆっくり歩く程度の散歩で十分。骨格異常や肥満を生じやすい。食餌はカルシウムたっぷりにし、運動量とのバランスを考えて与えること。

落ち着きはらった探求者

ルーツと歴史

19世紀末頃のイギリスで、アルテイジャン・ノルマン・バセットにブラッドハウンドを交配させて生まれた。抜群の嗅覚と持久力を活かし、ゆっくりと丁寧に獲物を追跡する狩猟スタイル。現在は主に家庭犬として人気がある。

容姿と性質

フランス語の「バス（低い）」が名前の由来で、短足胴長の体型が特徴。骨太で体が重く、ずっしりと存在感がある。地面につくほど長く垂れた耳と皮膚のしわがユーモラスな表情を作る。性質は落ち着いていて飼い主に忠実。

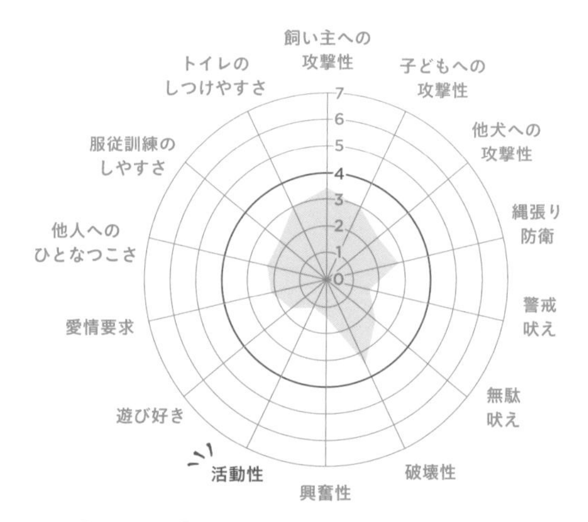

【必須項目】

▶ しつけ：
▶ お手入れ：
▶ 運　動：

プチ・バセット・グリフォン・バンデーン

PETIT BASSET GRIFFON VENDEEN

原産地	フランス
誕生	18 世紀
体高	34 〜 38cm 程度
カラー	ブラックにホワイトの斑、ブラックにタンのマーキング、フォーンにホワイトの斑など
被毛のタイプ	硬く長すぎない

かわいいうえに猟の腕は一級

フランスのバンデーン地方に古くからいるグリフォン・バンデーンから派生した犬種がいくつかあり、そのなかでもっとも身体が小さい。小型だがスピードがあり、抜群の嗅覚を誇る狩猟犬。毛色はホワイトが主で、2色やトライカラーが多い。元気いっぱいでタフ。

飼い主には忠実に尽くし、愛情深い。暗色で大きな目が特徴。小柄な身体とかわいらしい顔つきから、家庭犬としても人気がある。

アメリカン・フォックスハウンド

AMERICAN FOXHOUND

原産地	アメリカ合衆国
誕生	18 世紀
体高	オス 56 〜 63.5cm、メス 53 〜 61cm
カラー	あらゆる色
被毛のタイプ	硬く密生した短毛

建国の父が輸入した犬から発展

1650 年にイギリスからアメリカに渡った、キツネ狩り用のフォックスハウンドが祖先。その後、フランスからも導入、加えて初代大統領ジョージ・ワシントンがイギリスから輸入したフォックスハウンドも基礎となり、現在の犬種が確立した。筋肉質ながらもすらりとした身体つき。やや丸みを帯びた頭部に幅広の垂れ耳が特徴で、毛色に決まりはない。持久力に優れ、遠くまでよく響く独特の吠え声を持つ。

グランド・バセット・グリフォン・バンデーン

GRAND BASSET GRIFFON VENDEEN

▶ 原産地	フランス
▶ 誕生	18 世紀
▶ 体高	オス 40 ～ 44cm 程度、メス 39 ～ 43cm 程度
▶ カラー	ブラックにホワイトの斑、ブラックにタンのマーキングなど
▶ 被毛のタイプ	硬く長すぎない

スタイル抜群のバセット種

プチ・バセット・グリフォン・バンデーンと同じ起源を持つ。見た目の特徴もほぼ同じだが、より身体が大きい。一般的なバセット種と比べても、体高があり、素早く動くことができる中型犬。活動的で粘り強く、いばらが生い茂る厳しい植生の狩り場も突き進む。

独立心が旺盛で、頑固な一面もある。現在もウサギからイノシシまで、さまざまな獲物を対象とする獣猟で活躍している。

ハリア

HARRIER

▶ 原産地	イギリス
▶ 誕生	中世
▶ 体高	48 ～ 55cm
▶ カラー	地色はたいていホワイトで、ブラックからオレンジまでの全ての色調
▶ 被毛のタイプ	短毛

ビーグルに似ているがより大きい

13 世紀にはイギリス西部に存在し、後にウサギ狩りの目的で改良された狩猟犬。現在イギリスではほぼ絶滅しているものの、フランスでは人気が高い。

体格はビーグルより大きく、フォックスハウンドより小さく、脚が長い。地色はホワイトが多く、ブラックからオレンジまで全ての色調を持ち、なめらかな短毛。活発だがのんきな気質もあり、家庭犬にも向く。

ブラック・アンド・タン・クーンハウンド

BLACK AND TAN COONHOUND

▸ 原産地	アメリカ合衆国
▸ 誕生	11世紀
▸ 体高	オス 63.5～68.5cm、メス 58～63.5cm
▸ カラー	コール・ブラック。目の上、マズルの側面、胸、脚、ブリーチにタンのマーキング
▸ 被毛のタイプ	光沢のある直毛

ピューマも狩る精悍な大型猟犬

イギリスのタルボット・ハウンドを祖先に、アメリカで改良を重ねて作出された大型犬。名称は「アライグマ猟のためのハウンド犬」という意味だが、ピューマやクマの猟でも活躍。ふだんはあまり吠えないが、獲物を木に追い詰めると大声で吠えてハンターに知らせる。ハウンド種特有の垂れ耳を持ち、筋肉質だがすっきりした身体つき。性質はおとなしいが、非常に活動的。広い土地で飼うべき犬である。

ブラッドハウンド

BLOODHOUND

▸ 原産地	ベルギー
▸ 誕生	中世
▸ 体重	オス 46～56kg 程度、メス 40～48kg 程度
▸ 体高	オス 68cm 程度、メス 62cm 程度
▸ カラー	ブラック＆タン、レバー＆タン、レッド
▸ 被毛のタイプ	なめらかな短毛

嗅覚による追跡能力は抜群

8世紀初頭にベルギーの修道院で繁殖されていた狩猟犬の子孫がイギリスに渡って改良され、ブラッドハウンドと呼ばれるようになった。嗅覚による追跡能力が極めて高く、アメリカの警察では捜索犬として使われた。どっしりとした体躯。頭部のたるんだ皮膚と深いしわがこの犬種の特徴。幼犬の頃は、黒い毛色でしわがない。慎重で頑固な一面もあるが、人に対して社交的で愛情深い。

ポルスレーヌ

PORCELAINE

▶ 原産地	フランス
▶ 誕生	17 世紀
▶ 体高	オス 55 ～ 58cm、 メス 53 ～ 56cm
▶ カラー	ホワイト
▶ 被毛のタイプ	なめらかで細い短毛

白い陶器のようなきらめき

17 世紀からフランスで狩猟犬として人気があったが、革命後の混乱で減少。スイスの愛好家がスイス産のハウンドと交配して作出した。

鋭い嗅覚でシカやウサギを追い、美しい声で飼い主を呼ぶ。ポルスレーヌとはフランス語で「陶器」を意味し、白い被毛は陶器の置物のようにつややかに光る。優雅な容姿だが頑健でタフに走り回る。性質はひとなつこく、家庭犬としても愛される。

ローデシアン・リッジバック

RHODESIAN RIDGEBACK

▶ 原産地	アフリカ南部
▶ 誕生	19 世紀
▶ 体重	オス 36.5kg、 メス 32kg
▶ 体高	オス 63 ～ 69cm、メス 61 ～ 66cm
▶ カラー	ライトウィートンからレッドウィートン
▶ 被毛のタイプ	硬く密生した短毛

勇猛果敢な「ライオン・ドッグ」

南アフリカのホッテントット族が飼っていた狩猟犬が祖先。19 世紀にヨーロッパから移住した人々がマスティフやハウンド種とを交配して作出した。別名「ライオン・ドッグ」。ライオンなど大型獣を勇敢に追い、ハンターが来るまで逃がさない。俊敏で頑健。アフリカの激しい気温変化に耐える剛毛と、背中のリッジ（逆毛）が特徴。非常に強い狩猟本能、縄張り防衛本能を持ち、飼育はひと筋縄ではいかない。

PART / 7

視覚と走力で
獲物を追い詰める

視覚系獣猟犬

広い視野と俊足を誇り、「サイトハウンド」と呼ばれる猟犬たち。日本では、イタリアン・グレーハウンドやボルゾイ、アフガン・ハウンドなどが人気がある。
独特の細長い顔つきと、マイペースな「犬らしからぬ性質」がこのグループの犬の魅力である。

SIGHTHOUNDS

視覚系獣猟犬とは

　このタイプによく似た犬が紀元前時代の壁画にも描かれていることから、非常に古い歴史を持つといわれている。砂漠や草原が広がる広大な地で、視覚を頼りに狩猟を行った。俊足で獲物を追いかけ、しとめる狩猟法は「コーシング」と呼ばれ、鷹狩り（飼いならした鷹を使った狩猟）と組み合わせて行われることもあった。

　中東や中央アジアでは、今も狩猟に携わるほか、疑似餌を追いかけるドッグレースなどで活躍する犬もいる。

流線形の身体と長い脚、高い心肺能力により速く走ることができる。

POINT 1

広い視野を持つ

目が細長い頭部の横に付いているため視野が広く、獲物を見つけるのに役立つ。一般的な犬の視野は200〜250度程度だが、サイトハウンドは270度以上見渡せるといわれる。

POINT 3

走るのが好き

レースでは時速70km程度で走る犬も。心肺能力が高く、瞬発力に加えて持久力もある。飼育するなら運動欲を満足させるために、思い切り走らせてあげる必要がある。

POINT 2

マイペースな性質

ハンターと共同で狩猟を行っていたわけではないので、人への依存度は低く、自主的に行動することを好む。疾走するとき以外はおとなしく、その性質は「猫のよう」とも表される。

砂漠などの広大な土地で、野ウサギやガゼル、キツネ、コヨーテなどを追った。

イタリアン・グレーハウンド

ITALIAN GREYHOUND

▸ 原産地	イタリア
▸ 誕生	古代
▸ 体重	最高 5kg
▸ 体高	32 〜 38cm
▸ カラー	ブラック、グレー、ペール・イエローのようなベージュ
▸ 被毛のタイプ	シルク状の短毛

Memo

短毛でスマートな身体つきゆえか、寒さに弱い個体も。冬場は服を着せるケースも多い。

イタリアで再建され、返り咲いた犬

ルーツと歴史

イタリア原産のグレーハウンドの小型タイプ。エジプトの墓の中からよく似た犬のミイラが発見されたことなどから、ルーツは紀元前5世紀初期のエジプトと考えられている。後にイタリアにもたらされ、ルネッサンス時代に発展した。気品のある小型犬で、ヨーロッパの貴族の愛玩犬として人気を得た。フランスやドイツでは、貴族の狩猟犬としても重宝され、とくにウサギ狩り用の犬として発達した。

やがて、さらなる小型化が進んだ結果、健康に悪影響が出てきたため、人気は下火に。そこで、イタリアで健康な犬種の再建が行われ、再び人気犬種に返り咲いた。

容姿

ほっそりした身体つき。背はアーチを描き、細長い尾が低い位置に付いている。前肢はまっすぐで骨が細い。頭頂部は平たく、頭のやや後ろの高い位置に耳が付き、耳の端が垂れているのが特徴。

被毛は、サテンのようになめらか。抜け毛が少なく、においもほとんどない。毛色は単色で、胸や脚にホワイトが入る場合もある。

普段はおとなしいが、ひとたび走り出すとその美しさは惚れ惚れするほど。

性質

小型犬種にしてはおとなしく、落ち着いていて、自己主張も少ない。居心地のよい場所、安楽な生活を好む、根っからの貴族犬。縄張り意識なども低く、万人向けのコンパニオン・ドッグとして人気が高い。子犬の頃は好奇心旺盛な一面も持ち合わせている。

一方で、狩猟犬時代の名残から、活動性が高く、運動能力も優れている。長い後肢は筋肉質で、素晴らしい加速を誇る。フランスやドイツでは、高速で牽引される疑似餌を全力疾走で追う競技「ルアー・コーシング」で、その美しい走りを観賞することができる。

暮らし方のアドバイス

散歩とは別に思い切り走らせて

活動性が高いので、散歩とは別に走らせる運動をさせると良い。犬種改良の歴史により、骨が細くもろい傾向がある。子犬時代はとくに骨折に注意を。ひとなつこさや愛情要求は低いので、早いうちから信頼関係を築いておきたい。

【必須項目】

▸しつけ：
▸お手入れ：
▸運　動：

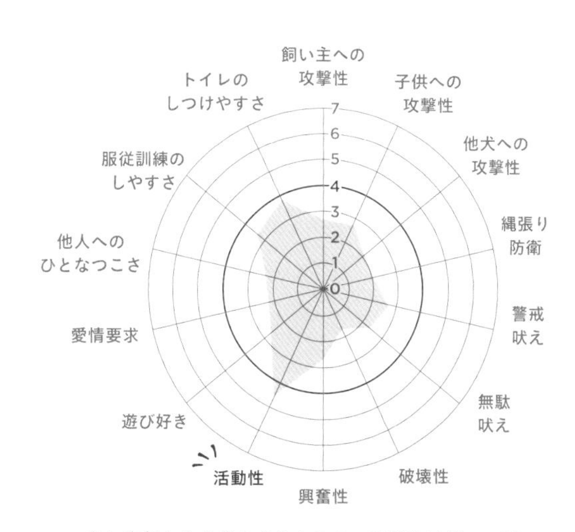

少し内気なところはあるものの、攻撃性は低い。初心者でも飼いやすい犬といえる。

ボルゾイ

BORZOI

▸ 原産地	ロシア
▸ 誕生	中世
▸ 体高	オス 75 ～ 85cm、 メス 68 ～ 78cm
▸ カラー	鼻の色がブラックではない淡い毛色以外の全ての色
▸ 被毛のタイプ	シルク状で弾力がありウェービー、または小さな巻き毛

Memo

美しい被毛は手入れが大変そうだが、じつは楽。週に2回程度のブラッシングでOK。

ロシア大帝が愛した犬

ルーツと歴史

「ボルゾイ」とはロシア語で「俊敏」という意味。ロシアのなかでもとくに寒冷な中央部で発達。ピョートル大帝など著名な権力者に愛された。貴族の間でオオカミ狩りが流行した際には狩猟犬として活躍。俊足を活かし、複数頭でのチームプレーによってオオカミを追い詰めた。

1861年のロシアの農奴解放令以降は貴族が領地を離れたため、ボルゾイもほとんど姿を消した。しかし、後にイギリスのグレーハウンドやポーランドのサイトハウンドなどとの交配によって、犬種が復活した。エレガントな外見とやさしい気質が人気を博し、現在では世界中でコンパニオン・ドッグとして愛されている。

容姿

深い胸、力強い後肢、長い首、細い顔を持ち、均整の取れた身体つき。全体的に高貴な雰囲気だが、やや中央寄りの楕円形の目が親しみを感じさせる。前肢の指は卵型、後肢の指はウサギ型をしている。

被毛はシルクのようになめらかで、ウェーブがかっているか、小さな巻き毛。首、胸、大腿部の被毛はかなり長い。毛色は多彩。

毛色は非常に多彩で、下方に向かって明るくなっている。

性質

飼い主に対しては従順で温厚、攻撃性も低い。自立心もあり、学習能力も高い。群れで行動する狩猟犬がルーツのため、現在のボルゾイも群れでいることを好み、他の犬のボディランゲージを読み取るのがうまい。

身体能力が高く、足が速いので、ドッグスポーツにも向いている。ただ、日常生活では室内でのんびり過ごすのを好む傾向がある。

ふだんは規則正しい歩様。獲物を見つけると全速力で駆ける。

暮らし方のアドバイス

スポーツを取り入れると喜ぶ

おとなしい気質ではあるが、大型の狩猟犬に属する。トラブルを避けるためしつけはしっかりと行うこと。日頃の運動では、スポーツなどの遊びを取り入れると高い能力を発揮することがあり、問題行動の予防にもなる。

【必須項目】

- しつけ：5
- お手入れ：4
- 運　動：5

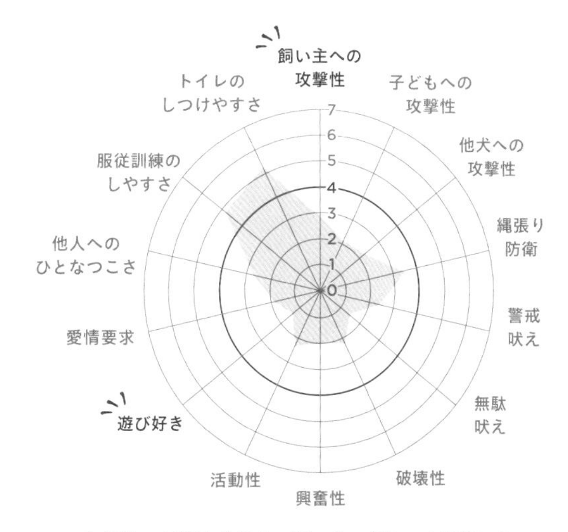

全般的に攻撃性が低く、飼い主に対しても従順。しつけや運動では優れた能力を発揮する。

アフガン・ハウンド

AFGHAN HOUND

▶ 原産地	アフガニスタン
▶ 誕生	古代
▶ 体高	オス 68 ～ 74cm、 メス 63 ～ 69cm
▶ カラー	頭や首全体にホワイト・マーキングがあるもの以外のあらゆる毛色
▶ 被毛のタイプ	絹のようなロングコート

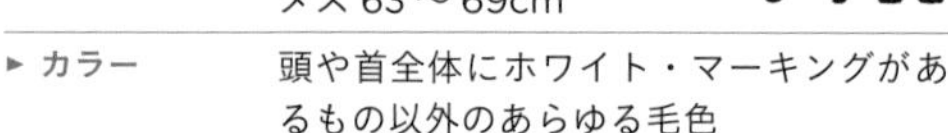

暮らし方のアドバイス

サイトハウンドの習性から、動くものを見ると追いかけたがる。早い段階でしっかりとしつけることが大切。初心者向けではなく、繊細で気ままな性質をも魅力と捉える人に向く。

「犬らしくない」性質こそ魅力

ルーツと歴史

ノアの箱舟に乗ったという言い伝えがあるほど古い犬種。古代エジプト王室で狩猟犬として重宝され、アフガニスタンへ伝えられた。その後、ヨーロッパにて美しい見た目を優先して改良され、ショーなどで活躍する犬種となった。

容姿と性質

長い絹糸状の被毛が足先まで覆っている。被毛がもつれないよう、毎日のグルーミングが欠かせない。もの静かで独立心旺盛、誰かれかまわず愛想を振りまくタイプではない。「犬らしい」とはいえない独特な反応がこの犬種の魅力。

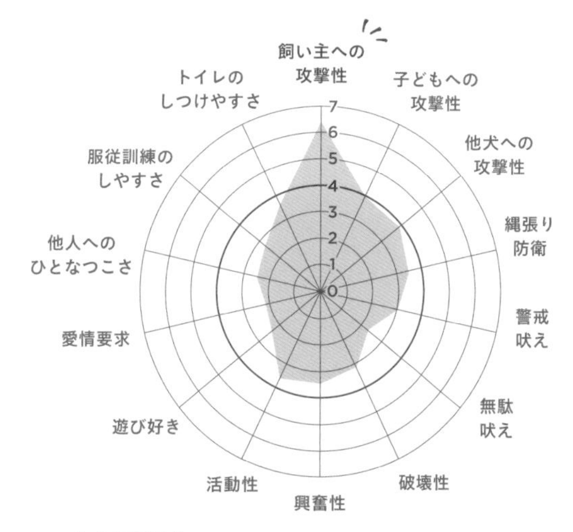

【必須項目】

▶ しつけ：
▶ お手入れ：
▶ 運　動：

ウィペット

WHIPPET

▸ 原産地	イギリス
▸ 誕生	19世紀
▸ 体高	オス47～51cm、 メス44～47cm
▸ カラー	マール以外のあらゆる色
▸ 被毛のタイプ	なめらかで光沢のある短毛

トラック競技でも大活躍

19世紀後半、小型のグレーハウンドに各種のテリアを交配して作出したと考えられている。当初はウサギの追跡やネズミ捕りレースに使われていたが、高速で走ることからトラック競技のレースでも活躍した。現在は、家庭犬として親しまれている。筋肉質ながら細身の優雅な身体つきをした中型犬。おとなしくて愛情深く、比較的飼いやすいが、早くからほかの動物を追いかけないようしつけておくこと。

サルーキ

SALUKI

▸ 原産地	中東
▸ 誕生	古代
▸ 体高	平均58～71cm、 メスは比較的小さい
▸ カラー	ブリンドル以外のあらゆる毛色
▸ 被毛のタイプ	スムース、あるいは飾り毛のあるタイプ

走る姿に惚れ惚れ、機能美の極み

中東原産で、古代エジプト王朝で珍重されていた古い犬種。加速度は素晴らしく時速55kmものスピードを出せるとされ、草原でガゼルやウサギを追った。走るという機能に特化したスリムで無駄のない体格を持ち、持久力もある。

被毛は2タイプある。耳や尾、四肢に飾り毛があるのがロングである。性質は、意志が強くて賢く、忠実。よく遊ぶが、ふだんは自分の居場所でリラックスして過ごしていることが多い。

アイリッシュ・ウルフハウンド

IRISH WOLFHOUND

▸ 原産地	アイルランド
▸ 誕生	古代
▸ 体重	オス 54.5kg 以上、 メス 40.5kg 以上
▸ 体高	オス 79cm 以上、メス 71cm 以上
▸ カラー	グレー、ブリンドル、レッド、ブラック、ピュア・ホワイト、フォーン
▸ 被毛のタイプ	針金状の粗く硬いコート

オオカミを震えあがらせた巨犬

アイルランドに2000年前から生息し、オオカミ狩りで活躍していた。18世紀にオオカミが絶滅し、この犬種もほとんど消滅したが、19世紀半ばにイギリス人将校の尽力で犬種が復興した。公認されている犬種のなかでもっとも大きい。目のまわりと下あごにはワイアー状の長い毛が生えている。もの静かで愛情深いので気性面では飼育しやすいが、巨大な犬種であるがゆえ飼育環境を選ぶ。

アザワク

AZAWAKH

▸ 原産地	マリ共和国、およびニジェールの北部国境
▸ 誕生	古代
▸ 体重	オス 20 ～ 25kg、 メス 15 ～ 20kg
▸ 体高	オス 64 ～ 74cm 程度、 メス 60 ～ 70cm 程度
▸ カラー	フォーンに白い斑

遊牧民を手伝うパートナー

古くからサハラ砂漠に暮らすトゥアレグ族に飼われてきた狩猟犬で、テントの見張りなどの役目を担うこともあった。フランスやドイツではショー・ドッグとしても人気がある。

頭部は小さく、脚が長く、スリムで短毛、スタイリッシュな見た目が特徴。見張り役を担った歴史から縄張り防衛本能が強い。用心深く、見知らぬ人には距離を置くが、飼い主には忠実で愛情深く、甘えん坊な一面もある。

グレーハウンド

GREYHOUND

▸ 原産地	イギリス
▸ 誕生	古代
▸ 体高	オス 71～76cm、メス 68～71cm
▸ カラー	ブラック、ホワイト、レッド、ブルー、フォーン、ファロー、ブリンドルなど
▸ 被毛のタイプ	密生した短毛

時速60kmの俊足を誇る

古代ギリシャやエジプトで飼われていたとされ、5000年ほど前のエジプトの遺跡にその姿が刻まれている。イギリスに渡り貴族の狩猟犬として人気を博した。流線形を描くしなやかな身体を持ち、時速60kmで疾走。犬のなかでは最速といわれる。胸が広く肺活量が大きい。狩猟やレースなどスポーツに適した身体の持ち主。

温和だが、もともと狩猟犬だったので猫や子犬など動くものを追いかけてしまうことも。

スパニッシュ・グレーハウンド

SPANISH GREYHOUND

▸ 原産地	スペイン
▸ 誕生	古代
▸ 体高	オス 62～70cm 程度、メス 60～68cm 程度
▸ カラー	さまざまな毛色
▸ 被毛のタイプ	細かくなめらかな短毛、または硬いセミロング

イベリア半島の野ウサギ猟で活躍

北アフリカから、ムーア人の民族移動とともにスペインに入り、野ウサギ狩猟犬として活躍。16世紀以降にはイギリスに輸出され、グレーハウンドの祖先となった。視覚で獲物を追い、ものすごいスピードで追い詰める。

被毛はなめらかな短毛とワイアーヘアーの2タイプがある。機嫌の良いときは愛想が良いが、超然としたところがある。狩猟となると驚くほどエネルギッシュに走る。

スルーギ

SLOUGHI

▸ 原産地	モロッコ
▸ 誕生	古代
▸ 体高	オス 66 〜 72cm、 メス 61 〜 68cm
▸ カラー	さまざまな毛色
▸ 被毛のタイプ	細かく密生した短毛

砂漠の俊足ハンター

北アフリカの砂漠に暮らす遊牧民たちに古くから飼われてきた。古代の壁画にも同じような姿をした犬が描かれていることから、相当に歴史のある犬種だと推測される。余分な脂肪がなく、引き締まり、筋肉質だがすらりとした体型。見た目の通り、俊足。能力は狩猟でいかんなく発揮され、ガゼルなどのすばしこい獲物にも難なく追いつき仕留める。夜は遊牧民のテントの外で夜通し警備にあたった。

ディアハウンド

DEERHOUND

▸ 原産地	イギリス
▸ 誕生	中世
▸ 体重	オス 45.5kg 程度、 メス 36.5kg 程度
▸ 体高	オス 76cm 以上、メス 71cm 以上
▸ カラー	さまざまな色調のグレーなど
▸ 被毛のタイプ	首と胴にワイアー状のコート、絹状の口ひげがある

貴族だけに許された俊敏な狩猟犬

スコットランド高地でシカ狩りに使われ、特定の階級以上の貴族以外には飼育は許可されていなかった。岩だらけの丘陵や森を難なく駆け抜けシカをしとめる優秀な狩猟犬。開発により森が衰退し、シカが減り、また銃が普及した1800年代には人気が落ち、絶滅寸前に。走って獲物を追いかけ、さらにとどめもさす必要がなくなったからである。20世紀になると愛好家による繁殖が進み、危機を免れた。気立ては良い。

PART / 8

見つけた獲物の位置を静かに伝える

ポインター・セター

水鳥猟を手伝う際、獲物の探知・捜索で力を発揮した犬たちである。
賢く、スタミナがあり、アクティブな犬種が多い。日本ではアイリッシュ・セターやワイマラナーが人気。

POINTING DOGS

ポインター・セターとは

銃（ガン）が発明されて狩猟に用いられるようになると、それを手伝う「ガンドッグ」が作られた。広範囲を捜索して獲物を見つけ、居場所をハンターに知らせたり、藪に隠れた鳥を飛び立たせて猟のお膳立てをする役目を担った。

このグループには古来より鳥猟に携わってきたスパニエル種をルーツに持つタイプと、嗅覚ハウンドから派生したタイプがいる。また、ワイマラナーなど、獲物を探し当て、追跡し、しとめた獲物の回収までこなすマルチな猟犬もいる。

POINT 1

賢く、我慢強い

狩猟の際は、獲物を見つけ出しても飛びかかることなくじっとしているよう教え込まれた。そのトレーニングについていくだけの知力と意欲、我慢強さを備えている。

獲物を見つけると立ち止まったり伏せたりしてハンターに知らせる（セッティング）。

ハンターの指示に従って鳥を飛び立たせ、ハンターはそこを撃ち落とした。

POINT 3

運動量が大きい

広大な土地をくまなく走り回って獲物を探していたことから、運動量が大きい。飼育する際はふだんの散歩に加え、広い場所を思い切り走らせるような運動を取り入れる必要がある。

POINT 2

飼い主に従順

狩猟ではハンターの指示に従って行動していたため、飼い主には従順。とはいえ狩猟犬ゆえの主張の強さ、頑固さもしっかり残っている。しつけはしっかりと行いたい。

獲物を見つけると立ち止まって姿勢を低くし、鼻先を突き出し片足を上げる（ポインティング）。

アイリッシュ・セター

IRISH SETTER

▶ 原産地	アイルランド
▶ 誕生	18 世紀
▶ 体高	オス 67cm 程度、 メス 62cm 程度
▶ カラー	鮮やかなチェスナット
▶ 被毛のタイプ	光沢があり、適度に長い直毛

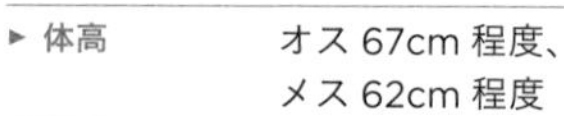
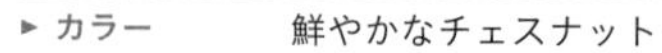

Memo

絹のような美しい飾り毛は毛玉ができやすい。丁寧なブラッシングが必須。

赤く輝く毛並みが美しい大型犬

ルーツと歴史

フランスのスパニエル種がルーツという説があるが、セター種のなかでは古い犬種。1700年代にアイルランドに流入し、鳥猟犬として発展した。当時はレッド単色の犬と白地に斑のある犬がいた。やがて、レッド単色のタイプはアイリッシュ・セター、白地に斑のあるタイプはアイリッシュ・ホワイト・アンド・レッド・セターと呼ばれ、分類された。

レッド単色タイプを増やすにあたって白地に斑のタイプを除外したため、近親交配が進み、本来の狩猟能力が低下してしまった。一方で、赤褐色や栗赤色の被毛の美しさが人気となり、コンパニオン・ドッグとして需要が高まった。

容姿

レッド単色の被毛は絹のような光沢があり、長く、毛量も豊富。四肢の裏側や尾に飾り毛があり、優雅な印象をもたらす。

均整の取れた身体つきで、首は筋肉質で長く、前肢はまっすぐでがっしりとしている。耳は薄く、頭の低い位置から頭部に沿うように垂れている。穏やかな目をしており、鼻はブラックまたはチョコレート色をしている。

上唇が薄く口元がぴったり閉まる。知的な顔つきに。

性質

活発で明るい性質。遊ぶのが大好き。外交的な性質で、他の犬を見つけると一緒に遊びたがる。それゆえ、落ち着きがないといわれることも。ひとなつこく、愛情豊か。家庭犬として広く愛されている。狩猟犬としての性質も色濃く残っているので、トレーニングやドッグスポーツの能力を伸ばすこともできる。また、ストレス発散にもなる。

狩猟犬の本能から身体を動かすのが好き。運動はたっぷりと。

暮らし方のアドバイス

遊び好き。散歩時のしつけは必須

全体的に攻撃性は低いが、他の犬への攻撃性は少し高め。先住犬がいる場合は、注意が必要。

散歩のときに他の犬とすれ違う際、遊びたい気持ちがありあまり飛びかかってしまうことも。散歩時のしつけはしっかりと。

【必須項目】

▸しつけ：

▸お手入れ：

▸運　動：

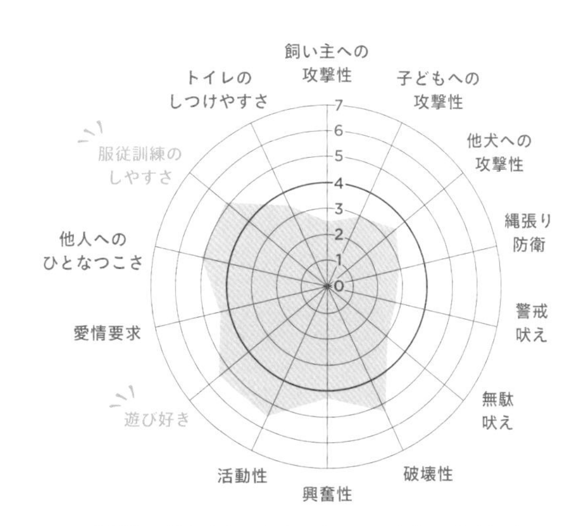

攻撃性は低く吠える傾向もない。反応性や訓練性が高いので、しつけはしやすいといえる。

ワイマラナー

WEIMARANER

▶ 原産地	ドイツ
▶ 誕生	19 世紀
▶ 体重	オス 30 ～ 40kg 程度、 メス 25 ～ 35kg 程度
▶ 体高	オス 59 ～ 70cm、メス 57 ～ 65cm
▶ カラー	シルバー、ノロジカ色、マウス・グレー
▶ 被毛のタイプ	まっすぐで輝きのある短毛

Memo

起源が定かでないのは、ワイマール地方の貴族たちが有能な猟犬の繁殖を極秘裏に行っていたため。

貴族が愛した門外不出の狩猟犬

ルーツと歴史

起源については諸説あるが、18世紀頃、ワイマール宮廷で狩猟犬として飼育されていた。昔のブラッドハウンドの血を引くともいわれる。その後ポインターやセター種と交配され、1890年頃から純粋犬として繁殖されるように。優れた嗅覚を活かし、獲物を狩る、位置を知らせる、回収するなどオールラウンドに働いた。

容姿と性質

筋肉質で頑丈な四肢を持ち、よく引き締まった身体つき。シルバーに輝く美しい短毛が特徴だが、20世紀には長毛タイプも作出されている。明るいアンバーやブルーグレーの瞳も魅力的。

従順でひとなつこく、しつけもしやすい。好戦的ではなく活発すぎることもない。ただし運動やトレーニングが不十分だと、狩猟本能や攻撃性が出てしまうので注意したい。

ブリタニー・スパニエル

BRITTANY SPANIEL

▸ 原産地	フランス
▸ 誕生	18 世紀
▸ 体高	オス 49 〜 50cm、 メス 48 〜 49cm
▸ カラー	ホワイト＆オレンジ、ホワイト＆ブラック、ホワイト＆レバーなど
▸ 被毛のタイプ	シルク状で密生した細毛

垂れ耳がキュートなハンター犬

フランスのブルターニュに生息していた犬が祖先で、原型種はほぼ絶滅したものの、19 世紀初頭にセター種などが交配され復活した。アメリカやカナダでも人気の狩猟犬。

スパニエルのなかでは四肢が長く、やや丸みのある頭部の高い位置から耳が垂れる。

被毛は厚めでややウェーブがかっており、粗いふさ毛がある。気立てが良く社交的な性質。運動量は豊富。

イングリッシュ・ポインター

ENGLISH POINTER

▸ 原産地	イギリス
▸ 誕生	17 世紀
▸ 体高	オス 63 〜 69cm、 メス 61 〜 66cm
▸ カラー	レモン＆ホワイト、オレンジ＆ホワイト、レバー＆ホワイト、ブラック＆ホワイト
▸ 被毛のタイプ	まっすぐで厚い短毛

子犬の頃から狩猟本能を発揮

起源は定かではないものの、スペインやポルトガルの鳥猟犬を祖先に持ち、18 世紀にイギリスで作出されたといわれる。獲物を発見すると、体勢を低くして片足を上げて知らせる（ポイント）ことから、この犬種名が付いた。

筋肉質の身体と、なめらかな短毛を持つ。性質は、仕事熱心で忠実。子犬でも狩猟本能を発揮することがある。エネルギッシュでやや短気な面もあるので、しつけやトレーニングは必須。

スモール・ミュンスターレンダー

SMALL MUNSTERLANDER

▸ 原産地	ドイツ
▸ 誕生	19 世紀
▸ 体高	オス 54cm 程度、 メス 52cm 程度
▸ カラー	ブラウン＆ホワイト、ブラウンローン
▸ 被毛のタイプ	まっすぐまたはわずかにウェービーで光沢がある

ドイツで作出された賢い鳥猟犬

北西ヨーロッパには古くから鳥猟犬が存在していたが、19 世紀中頃以降、ドイツの狩猟法が改正され、ドイツ原産の優れた狩猟犬を作出することに。そこから生まれた犬種のひとつ。

バランスの取れた体格の中型犬で、被毛は密で柔らかく、直毛または少しウェーブがある。毛色はブラウン＆ホワイト、またはブラウンローン。賢く、さまざまな狩猟に適応できる。気質は穏やかで明るく、家庭犬としても人気。

ジャーマン・ショートヘアード・ポインター

GERMAN SHORTHAIRED POINTER

▸ 原産地	ドイツ
▸ 誕生	18 世紀
▸ 体高	オス 62 ～ 66cm、 メス 58 ～ 63cm
▸ カラー	マーキングがないブラウン、ホワイトのマーキングや斑のあるブラウン、ダーク・ブラウン・ローンなど

オールラウンダーの鳥猟犬

19 世紀中頃に、ドイツ独自の万能な狩猟犬を求めて作出された犬種のひとつ。原産国のみならず、アメリカでも鳥猟犬として人気が高い。

バランスの取れた体躯の大型犬で、引き締まった身体つきには、スピード感と力強さが感じられる。被毛の色はブラウンの単色、または胸や脚に小さなホワイトのマーキングや斑があるブラウンなど。性質は堅実で忠実。狩猟本能が強いのでスポーツや激しい遊びを好む。

ショートヘアード・ハンガリアン・ビズラ

SHORTHAIRED HUNGARIAN VIZSLA

▸ 原産地	ハンガリー
▸ 誕生	14 世紀
▸ 体高	オス 58 〜 64cm、メス 54 〜 60cm
▸ カラー	ラセット・ゴールドおよびダーク・サンディ・ゴールドのさまざまな色調
▸ 被毛のタイプ	粗く密生した短毛

大戦を機に各地に広まった

ハンガリーに古くからいた狩猟犬がルーツ。2度の世界大戦を経て、飼い主が愛犬を連れて国外に移住したことで、ハンガリー内での数は減ったものの、ヨーロッパ各地に広まった。

がっしりした体格で、頭部は細く、薄い耳が低い位置から垂れている。被毛はゴールド系のなめらかな短毛で、身体にぴったりと生えている。穏やかでほがらかな気質。家庭犬にも向くが、子犬の頃からしつけをすることが必須。

アイリッシュ・レッド・アンド・ホワイト・セター

IRISH RED AND WHITE SETTER

▸ 原産地	アイルランド
▸ 誕生	18 世紀
▸ 体高	オス 62 〜 66cm、メス 57 〜 61cm
▸ カラー	ホワイトの地にレッドの斑
▸ 被毛のタイプ	輝きのある長毛

白地に赤い斑が美しい

もともとはアイリッシュ・セターと同犬種とされていたが、ドッグショーが始まり、単色タイプと白地に赤い斑のあるタイプを区別することになった。やがて後者が絶滅の危機に瀕し、1900年初期に再興され、1987年「クラフト展」で紹介された。アイリッシュ・セターよりややどっしりした体型で、耳が小さく、被毛は短め。不審者を追い払う役目も担っていたので、警戒心があり、しつけには多少時間がかかる。

イタリアン・スピノーネ

ITALIAN SPINONE

▸ 原産地	イタリア
▸ 誕生	中世
▸ 体重	オス 32 ～ 37kg、 メス 28 ～ 30kg
▸ 体高	オス 60 ～ 70cm、メス 58 ～ 65cm
▸ カラー	ホワイト、ホワイトにオレンジのマーキングや斑など
▸ 被毛のタイプ	硬く密生した長毛

著名な中世画家に描かれた犬

15世紀イタリアの画家アンドレア・マンテーニャがマントヴァ侯爵邸に遺したフレスコ画に描かれている。フレンチ・グリフォンの系統とされる。がっしりとした中型犬で、厳しい自然環境から身を守るワイアーヘアーと太い骨格、頑丈な筋肉を持つ。狩猟においては優秀で、とくにスタミナを活かして獲物を追跡する能力は高く評価されている。性格は穏やかでひとなつこい。丸く大きな目が特徴的。

イタリアン・ポインティング・ドッグ

ITALIAN POINTING DOG

▸ 原産地	イタリア
▸ 誕生	18 世紀
▸ 体重	25 ～ 40kg
▸ 体高	55 ～ 67cm
▸ カラー	ホワイト、ホワイトにオレンジかダーク・アンバーの斑など
▸ 被毛のタイプ	光沢のある短毛

ゆっくり優雅な狩猟スタイル

イタリアのピエモンテやロンバルディアで発展し、ルネッサンス期に人気を極めた。14世紀の数々のフレスコ画にも描かれている。別名「ブラッコ・イタリアーノ」。

狩猟スタイルが特徴的で、活発に駆け回るイギリスのポインターとは異なり歩幅の広いトロット（速足）でゆっくりと優雅に鳥を追う。獲物の追跡や回収作業も得意。イタリアでは今も狩猟に携わる。性格は温和で従順。

イングリッシュ・セター

ENGLISH SETTER

▶ 原産地	イギリス
▶ 誕生	19世紀
▶ 体高	オス65～68cm、メス61～65cm
▶ カラー	ブラック＆ホワイト、オレンジ＆ホワイト、レモン＆ホワイト、レバー＆ホワイト、トライカラー
▶ 被毛のタイプ	ややウェービーな長毛

世界初のドッグショーに出展

犬種の歴史は古く、1859年に行われた世界初のドッグショーにも出展された。セッティング・スパニエルをルーツに持つ。日本には明治の初め頃にもたらされた。他のセターには見られない全身の斑点がトレードマーク。胸元や脚のふさふさとした被毛、首を高く持ち上げて歩く様子がエレガント。ひとなつこく愛情深い性質で、セターのなかでも人気が高い。狩猟欲が強く活動的。飼育するなら運動は必須。

ゴードン・セター

GORDON SETTER

▶ 原産地	イギリス
▶ 誕生	17世紀
▶ 体重	オス29.5kg、メス25.5kg
▶ 体高	オス66cm、メス62cm
▶ カラー	コール・ブラックに光沢のあるタン
▶ 被毛のタイプ	光沢があり、適度に長い直毛

高貴な佇まいが魅力

200年ほど前にスコットランドのゴードン公爵が狩猟のために作り出したセターで、公爵の名前にちなんで名付けられた。セターのなかでもっとも大型でたくましく、彫刻のように均整の取れた身体つき。洗練された美しさはドッグショーでも強い印象を残す。被毛は光沢のある黒色で、赤みがかった茶色の模様が特徴的。

親しみやすく愛情深い性質で家庭犬にも向くが、根は猟犬。運動はたっぷり必要。

ジャーマン・ワイアーヘアード・ポインター

GERMAN WIREHAIRED POINTER

▶ 原産地	ドイツ
▶ 誕生	19世紀
▶ 体高	オス61～68cm、メス57～64cm
▶ カラー	ブラックの斑またはブルー・ローンのあるホワイト
▶ 被毛のタイプ	硬く密生したダブルコート

狩猟能力の追求から誕生した

19世紀初頭のドイツでは、風雨や厳しい自然環境に耐えるワイアーヘアーを持った狩猟犬の改良が熱心に行われていた。「優秀な狩猟能力のためには異なる犬種どうしをかけ合わせても良い」という方針のもと、ワイアーコートの狩猟犬やジャーマン・ショートヘアード・ポインターの血統を取り入れ、作出されたのがこの犬種。縄張り意識が高く、狩猟はもちろん防衛犬の役目もこなすことができる。

ラージ・ミュンスターレンダー

LARGE MUNSTERLANDER

▶ 原産地	ドイツ
▶ 誕生	19世紀
▶ 体重	30kg程度
▶ 体高	オス60～65cm、メス58～63cm
▶ カラー	ブラックの斑またはブルー・ローンのあるホワイト
▶ 被毛のタイプ	密な長毛

仕事を与えられることで輝く犬

ドイツのミュンスター市で、ジャーマン・ロングヘアード・ポインターでは認められない白地に黒い斑のある犬やスパニエル種との交配によって作出された。悪天候に強く、非常にタフな身体を持ち、鳥猟や獣猟、獣の追跡、水鳥の回収とマルチに活躍する。勇敢で利口、牧畜を守る護衛犬としても有能。毎日たっぷりと引き運動を行い、作業という目的を与えることで、精神的に安定する犬種である。

PART / 9

ハンターと二人三脚で水鳥猟を行う

鳥猟犬

水鳥猟において、ハンターが撃ち落とした獲物の回収に主に携わった犬たち。水辺で働いていたことから、総じて泳ぎが得意である。
このグループは人とのコミュニケーション力も高く、初心者でも飼いやすい大型犬が含まれている。

RETRIEVERS - FLUSHING DOGS - WATER DOGS

鳥猟犬とは

鳥猟で、猟師が撃ち落とした鳥を指示通りに回収（レトリーブ）する仕事をしていたレトリーバーが代表犬種。そのほか、猟師の近くで鳥を飛び立たせる役目のスパニエル種や、漁業や水難救助など、水場での作業を手伝ったウォータードッグもこのグループに含まれる。

人と一緒に働いていたことから協調性があり、ひとなつこい。そうした性質を活かし、警察犬や盲導犬、セラピードッグなど、人を助ける仕事に携わる犬も多い。

POINT 1

人とのコミュニケーションを好む

人と連携して働いていたため、人とのコミュニケーションを好む。攻撃性が低く、温和でほがらか。飼い主以外にもひとなつこさを発揮する。家庭犬に向いている。

レトリーバーは、撃ち落とした水鳥を見つけ回収した。

POINT 2

泳ぎが得意

水辺や水中での作業にあたっていたことから、泳ぎが達者で、水をはじく被毛を持つ。家庭犬として飼育されている場合も、川や海での遊びを好む。

POINT 3

しつけやすい

人とのコミュニケーションを好むため、トレーニングにも向く。また、獲物が落ちた場所を正確に覚えて回収する記憶力、集中力も、しつけやすさにつながっている。

ゴールデン・レトリーバー

GOLDEN RETRIEVER

▶ 原産地	イギリス
▶ 誕生	19世紀
▶ 体高	オス56～61cm、 メス51～56cm
▶ カラー	ゴールドまたはクリームの色調
▶ 被毛のタイプ	ウェービーまたは平滑なダブルコート

Memo

被毛の色は、加齢とともに薄くなる。美しさを保つため、ブラッシングでお手入れを。

輝く毛並みと温厚な気質が人気の理由

ルーツと歴史

「レトリーバー」とは、鳥猟において撃ち落とされた獲物を回収する犬のこと。仕事熱心で、獲物が落下した場所を記憶する賢さがあり、人間と協力して作業ができる。その性質を受け継いでいるため、大型犬でありながら、初心者でも比較的飼いやすいとして大人気。

1800年代終わり頃、スコットランドのツイードマウス卿がイエローのフラットコーテッド・レトリーバーと現在は絶滅したツイード・ウォーター・スパニエルという巻き毛の犬種とを交配させ、この犬種の基礎を作出。1908年にゴールデン・レトリーバーとして初めて出陳され、1913年にイギリスで公認された。

容姿

美しく豊かな毛並みが魅力。被毛はウェーブあるいはフラットで、毛色はクリームまたはゴールド。尾にも豊富な飾り毛がある。垂れ耳、暗色の目、黒い鼻が、親しみやすくやさしい表情を生み出している。前肢はまっすぐで骨が太く、後肢は肉付きがよい。

遺伝性の股関節形成不全や、後天的に生じる股関節や膝関節の疾患に注意したい。

水鳥猟で活躍した犬種。水辺での「もってこい」遊びは大好き。

性質

賢く学習意欲にあふれ、陽気で温厚、ひとなつこい。家庭犬として万人に愛される気質は「レトリーバー気質」とも称される。従順で、盲導犬や介助犬としても活躍している。

無駄吠えや警戒吠えが少なく、噛みついたりすることもあまりないので、初心者でも比較的飼いやすい。ただし、大型犬ゆえにそれなりの飼育スペースと運動量をしっかり確保したい。

笑っているようなやさしい表情はこの犬種の魅力のひとつ。

暮らし方のアドバイス

甘えたい欲求を満たしてあげて

遊び好きで愛情要求が高いので、十分にかまってあげたい。満たされないとストレスがたまり、問題行動を引き起こすこともある。股関節疾患などの原因となるので、足が滑りやすいフローリングの床は禁物。

【必須項目】

- しつけ：
- お手入れ：
- 運　動：

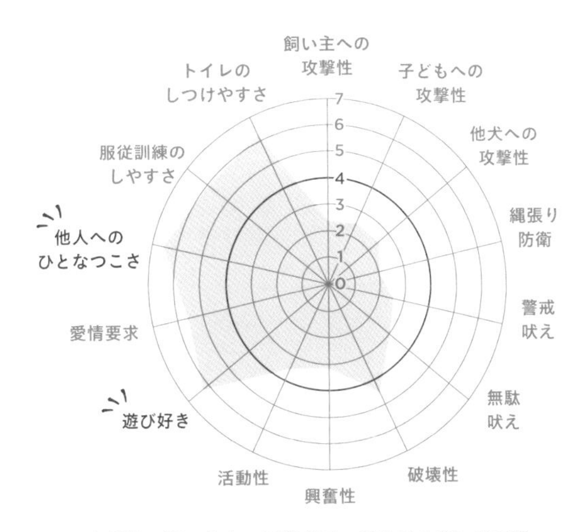

全般的に飼いやすい気質だが、身体が大きいので問題行動が起こると大変。しつけは必須。

ラブラドール・レトリーバー

LABRADOR RETRIEVER

▶ 原産地	イギリス
▶ 誕生	19 世紀
▶ 体高	オス 56 ～ 57cm、 メス 54 ～ 56cm
▶ カラー	イエロー、レバー、チョコレート
▶ 被毛のタイプ	硬く短いダブルコート

Memo

ものを回収する特技を活かし、飼い主が投げたボールを回収させる遊びがおすすめ。

賢く温厚、警察犬としても優秀

ルーツと歴史

カナダのニューファンドランド島にある港町セントジョンズで「スモール・ウォーター・ドッグ」と呼ばれていた犬種を、行商人がイギリスの港町プールに連れてきたところ、それをイギリス人が買い上げ、狩猟犬として改良したのが始まり。狩猟犬として高い能力を見せていたこの犬種は、当初は「セントジョンズの黒イヌ」などと呼ばれていた。後にニューファンドランド島に「犬税」が導入されたことで、地元にはほとんど残らなかったという。

鳥猟犬としても優秀だが、現代では警察犬や救助犬、盲導犬などとしても活躍。もちろん家庭犬としても非常に人気がある。

容姿

この犬種の特徴は「オッター・テイル」と呼ばれる尻尾。根元が太く、先にいくほど細くなり、長さは中くらい。尾に短毛が密生しているが、飾り毛はない。身体の被毛は、短くて手触りが硬く、密生している。

ゴールデン・レトリーバー同様、股関節や膝関節の疾患に注意が必要。

投げたボールを取ってくる遊びで本領発揮。

性質

猟犬としての作業意欲と、ひとなつこい面を併せ持ち、オンオフの切り替えができるのがこの犬種の特徴。それゆえに、大型犬のなかでは初心者でも比較的飼いやすいといわれる。撃ち落とされた水鳥をくわえて回収する仕事をしていたため、水を好み、ものをくわえるのが得意。働き者で、トレーニングにもよく従う。

賢くアクティブ。アジリティなどのドッグスポーツで活躍する犬も多い。

チョコレート色の個体は「チョコラブ」と呼ばれ人気。

暮らし方のアドバイス

運動により肥満と問題行動を防ぐ

食欲旺盛。肥満を防ぐために食餌管理に気を付け、たっぷり運動させる。関節を痛めやすいので足が滑りやすいフローリングの床は避ける。ゴールデンに比べると無駄吠えをしがちなので、しつけはしっかりと。

【必須項目】

- しつけ：●●●●●
- お手入れ：●●○○○
- 運　動：●●●●●

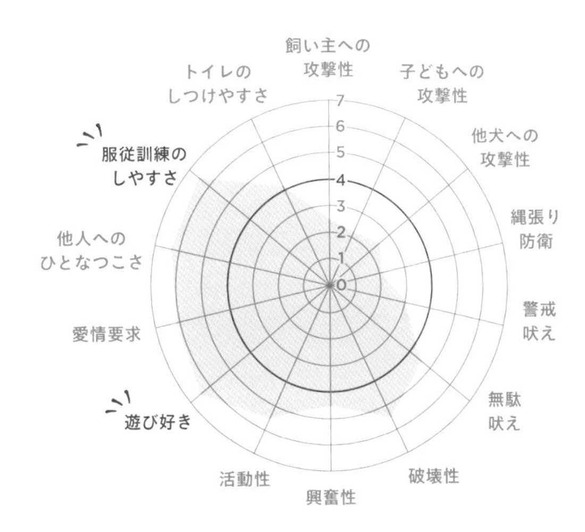

攻撃性が低く、訓練性能が高い。初心者でもしつけや運動を頑張れば良い関係が築ける。

アメリカン・コッカー・スパニエル

AMERICAN COCKER SPANIEL

▶ 原産地	アメリカ合衆国
▶ 誕生	19 世紀
▶ 体高	オス 38.1cm 程度、 メス 35.6cm 程度
▶ カラー	ブラック、クリーム、レッドなど
▶ 被毛のタイプ	ミディアムロングのダブルコート。頭部は短毛

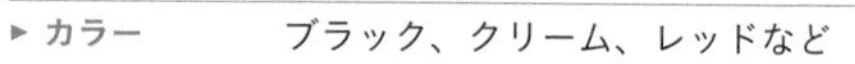

暮らし方のアドバイス

愛情要求がやや高く、愛玩犬のような一面もあるので、しっかりかまって。ブラッシングは毎日必要。毛量豊かな長い耳は、よだれや食餌で汚れやすい。スヌード（ヘアバンド）を付け清潔に。

アメリカの定番家庭犬

ルーツと歴史

1800年代にアメリカに移入したイングリッシュ・コッカー・スパニエルが祖先。その後アメリカ人好みの容姿に改良されていき、1930年代に犬種を分けることになった。アメリカでは定番の家庭犬。ディズニー映画『わんわん物語』の主人公として世界中に人気が広まった。

容姿と性質

猟犬種のなかではもっとも小型。祖先のイングリッシュ・コッカーに比べるとつまった鼻先や丸い頭部、豊富な被毛が特徴的。陽気でほがらか、遊び好き。たまにはしゃぎすぎてしまう。

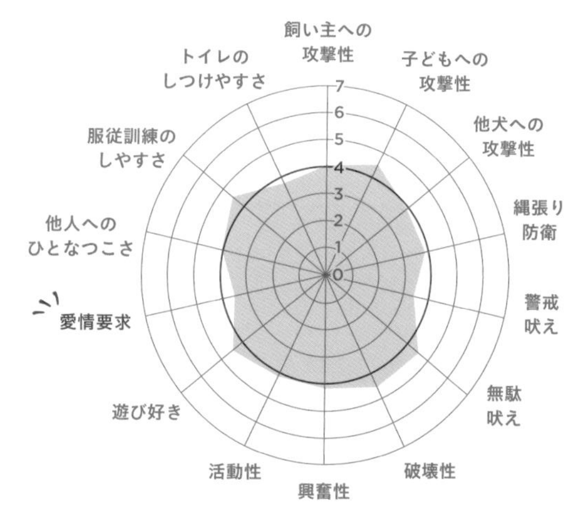

【必須項目】

▶ しつけ：

▶ お手入れ：

▶ 運　動：

イングリッシュ・コッカー・スパニエル

ENGLISH COCKER SPANIEL

▸ 原産地	イギリス
▸ 誕生	17 世紀
▸ 体重	13 〜 14.5kg 程度
▸ 体高	オス 39 〜 41cm 程度、メス 38 〜 39cm 程度
▸ カラー	ブラック、レッド、ゴールド、レバー、ブラック&タン、レバー&タンなど
▸ 被毛のタイプ	まっすぐあるいはわずかにウェービーなミディアムロング。頭部は短毛

暮らし方のアドバイス

縄張り意識や吠えるリスクも低いので一般家庭向きといえるが、元は猟犬。運動はたっぷり必要。ドッグスポーツでも好成績を狙える。スポーティな生活を好む飼い主におすすめ。

ヤマシギ猟での活躍が名前の由来

ルーツと歴史

イギリス原産のスパニエル種ではもっとも古く、17 世紀頃から狩猟犬として活躍していた。ウェールズ地方のヤマシギ（コック）猟で重宝されたことからコッカーの名が付けられた。家庭犬として人気だが、ヨーロッパでは被毛が短いタイプが今も狩猟犬として働いている。

容姿と性質

コンパクトだが、力強く強靭な身体。頭頂部がわずかに平らで、鼻筋は長く口元は角ばっている。被毛の色はバラエティに富む。従順で穏やか、協調性があり、子どもにもやさしい。

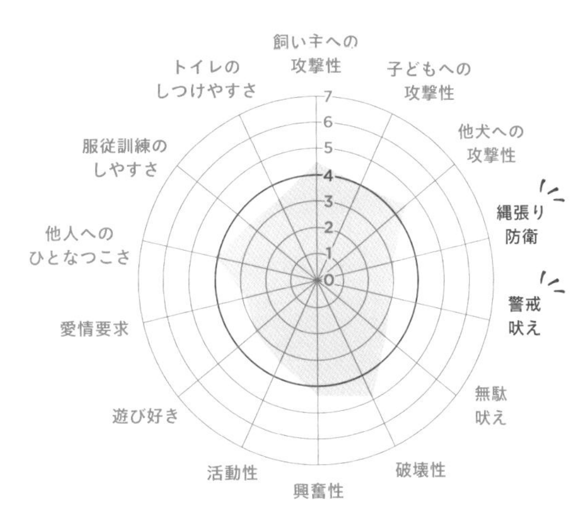

【 必須項目 】

▸ しつけ ：
▸ お手入れ ：
▸ 運　動 ：

フラットコーテッド・レトリーバー

FLAT-COATED RETRIEVER

原産地	イギリス
誕生	19 世紀
体重	オス 27 〜 36kg、 メス 25 〜 32kg
体高	オス 59 〜 61.5cm、メス 56.5 〜 59cm
カラー	ブラック、レバー
被毛のタイプ	ボディに沿ってぴったり寝たダブルコート

暮らし方のアドバイス

超活発ではしゃぎやすい性質。多くの時間を運動に付き合う覚悟が必要。ストレスをためると問題行動につながる恐れもある。十分な運動や刺激を与え続けることが大切。

底抜けの明るさで誰とでも友達に

ルーツと歴史

小型のニューファンドランドまたはチェサピーク・ベイ・レトリーバーの血を引く犬と考えられているが諸説ある。優秀な猟犬として知られ、陸上のほか水中での獲物の回収も得意。

容姿と性質

フラットコート（平らに生える毛）という名前の通り身体にぴったりと沿う被毛は、光沢があってなめらか。短めの尾にはふさふさの飾り毛がある。陽気な性格で、人ともほかの犬や動物ともすぐに仲良くなれる。大の遊び好きで、アクティビティの際は大はしゃぎする。

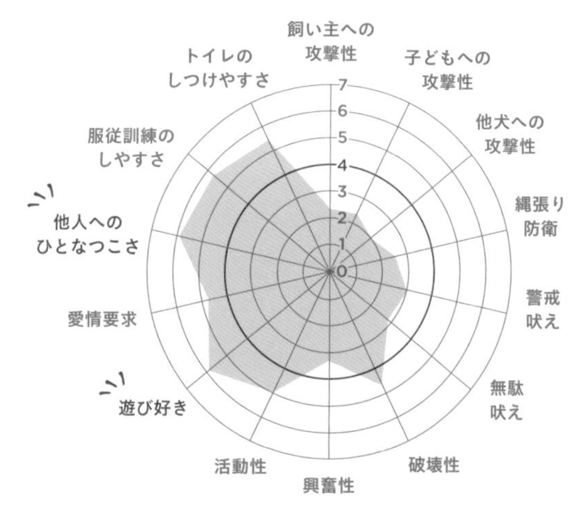

【必須項目】

- しつけ：
- お手入れ：
- 運　動：

イングリッシュ・スプリンガー・スパニエル

ENGLISH SPRINGER SPANIEL

▸ 原産地	イギリス
▸ 誕生	19 世紀
▸ 体高	51cm 程度
▸ カラー	レバー＆ホワイト、ブラック＆ホワイト、タンの斑が入る場合もある
▸ 被毛のタイプ	わずかにウェービーな長めの被毛

暮らし方のアドバイス

散歩以外に、広い場所を思い切り走らせたり、知能や嗅覚を使ったアクティビティなどでエネルギーを発散させる必要がある。毎日のブラッシングとこまめな耳のケアも心がける。

ばねのような走りが名前の由来

ルーツと歴史

中世期から鳥猟犬として活躍。鳥を驚かせて羽ばたかせる動作で、スプリングの効いた跳躍を見せることから名前が付いたといわれる。作業能力の高さから、爆発物探知犬や麻薬探知犬として活躍する犬もいる。

容姿と性質

大半のスパニエルの祖先犬。スパニエルのなかでも脚が長くて背も高い。被毛は長めでウェーブしており、ふさふさした毛のある垂れ耳が特徴的。飼い主に従順で集中力も高く、スタミナもあるため、ドッグスポーツにも向く。

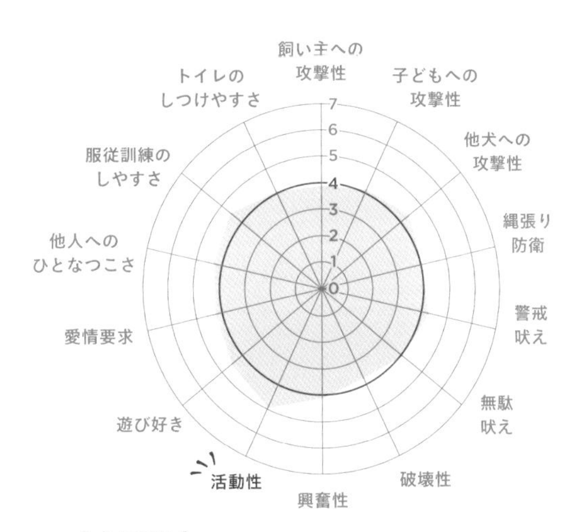

【必須項目】

▸ しつけ：4/5
▸ お手入れ：4/5
▸ 運　動：5/5

コーイケルホンディエ

KOOIKERHONDJE

▶ 原産地	オランダ
▶ 誕生	18世紀
▶ 体高	オス40cm程度、 メス38cm程度
▶ カラー	ホワイトにオレンジレッドの斑
▶ 被毛のタイプ	わずかにウェービーな長めの被毛

尻尾をおとりにしてカモを集める

古くからオランダでカモなどの水鳥猟のアシスタントとして飼われていた。第二次世界大戦後絶滅しかけたが、残された25頭を繁殖させて復活。1971年に正式公認された。

ふさふさした尾をおとりにして水鳥の集団を引きつけ、ひとつの場所に集めたところをハンターが一網打尽にする。身体は小さく、胸元は耐水性の被毛で覆われている。好奇心旺盛で活発。遊び好きで、家庭犬としても愛されている。

ノヴァ・スコシア・ダック・トーリング・レトリーバー

NOVA SCOTIA DUCK TOLLING RETRIEVER

▶ 原産地	カナダ
▶ 誕生	19世紀
▶ 体重	オス20～30kg、 メス17～20kg
▶ 体高	オス48～51cm程度、 メス45～48cm程度
▶ カラー	レッドまたはオレンジのさまざまな色調
▶ 被毛のタイプ	なめらかで中くらいの長さの被毛

一風変わったカモ猟のパートナー

南カナダのニューショットランド半島で一風変わったカモ猟の相棒として活躍してきた。

トーリングとは古代語で「おびき寄せる」という意味。物陰に隠れたハンターが水辺に小枝やボールを投げ、犬に回収させる。これを繰り返すうちに好奇心の強いカモが犬の動きに惹かれて集まってくる、そこを撃ち落とし、犬に回収させる。長く先の白い尾はカモを引きつけるのに最適。性質は賢く従順でしつけやすい。

ポーチュギーズ・ウォーター・ドッグ

PORTUGUESE WATER DOG

▸ 原産地	ポルトガル
▸ 誕生	中世
▸ 体重	オス 19 ～ 25kg、 メス 16 ～ 22kg
▸ 体高	オス 50 ～ 57cm、メス 43 ～ 52cm
▸ カラー	ブラック、ホワイトあるいはさまざまな色調のブラウン、ブラックなど
▸ 被毛のタイプ	厚くカールかウェーブがかかった被毛

ポルトガルの漁師を手伝った犬

ポルトガルの海の漁師犬。網から落ちた魚を拾って届けたり、船の間を泳いで伝令役を務めたりしていた。アメリカのオバマ第44代大統領がホワイトハウスで飼っていたことでも有名。

非常に賢く、泳ぎの能力は抜群。スタミナもある。ポルトガルでは船の牽引や水中に落ちたものを拾う競技会が開催されており、今も人々を楽しませている。尾の先が水面に浮くよう先端の被毛だけを残して刈るのが一般的。

アイリッシュ・ウォーター・スパニエル

IRISH WATER SPANIEL

▸ 原産地	アイルランド
▸ 誕生	19 世紀
▸ 体高	オス 53 ～ 59cm、 メス 51 ～ 56cm
▸ カラー	濃い紫に近い茶色
▸ 被毛のタイプ	密生した巻き毛

ネズミのような尻尾が特徴

祖先は6000年ほど前から存在していたとされる。スパニエルのなかでは最大。ネズミのように垂れた毛の少ない尾が特徴。スパニエルには珍しくレトリーバーのように獲物をくわえて回収する。イギリスの狩猟犬競技会ではレトリーバー枠で競う。全身を覆う硬い巻き毛は耐水性があり、冷たい水に落ちた獲物を苦もなく回収する。性質はスパニエルともレトリーバーとも異なり、陽気で活発だが、頑固な面もある。

ウェルシュ・スプリンガー・スパニエル

WELSH SPRINGER SPANIEL

▶ 原産地	イギリス
▶ 誕生	16 世紀
▶ 体高	オス 48cm、 メス 46cm
▶ カラー	濃いレッド＆ホワイト
▶ 被毛のタイプ	厚く柔らかな直毛

ふさふさの絹のような被毛が魅力

イギリス・ウェールズ地方の古い絵画に、祖先と思われるレッド＆ホワイトの毛色の犬が描かれている。1902年に現在の犬種名で登録された。同じルーツを持つと考えられるイングリッシュ・ウェルシュ・スプリンガーよりやや小型で、頭が細い。被毛は絹のように柔らかな直毛で、毛色は濃いレッド＆ホワイトのみ。水泳も得意で、スタミナがある。早期のしつけが必要だが、賢くて明るい性質で、家庭犬にも向く。

カーリーコーテッド・レトリーバー

CURLY-COATED RETRIEVER

▶ 原産地	イギリス
▶ 誕生	19 世紀
▶ 体高	オス 67.5cm、 メス 62.5cm
▶ カラー	ブラックまたはレバー
▶ 被毛のタイプ	密生した細かい巻き毛。シングルコート

もっとも古いレトリーバー種

起源は定かでないが、イングリッシュ・ウォーター・スパニエルなどの血を引くとされる。イギリス原産のレトリーバーでもっとも古い犬種。カモ猟で活躍し、現在もオーストラリアやニュージーランドで水鳥猟に使われている。

全身が強くカールした被毛に覆われているが、顔だけは短毛でつるっとしている。被毛は耐水性と速乾性があり、水中作業に適している。飼い主に忠実でおとなしく、熱心に働く。

クランバー・スパニエル

CLUMBER SPANIEL

▸ 原産地	イギリス
▸ 誕生	19 世紀
▸ 体重	オス 29.5 ～ 34kg、 メス 25 ～ 29.5kg
▸ カラー	ホワイトにレモンまたはオレンジのマーキング
▸ 被毛のタイプ	シルク状の豊かな直毛

重厚感漂うスパニエル界の貴族

フランス革命時に、フランスのノワイル侯爵がイギリスのニューキャッスル公爵のもとに疎開させたスパニエルが祖先であり、領地のクランバー・パークで飼われたことからこの犬種名が付けられたという説があるが、真偽は不明。

ホワイトにレモンまたはオレンジの斑が入った被毛を持ち、胴長短足のずんぐりした体格をしている。ゆったりした動作で、性格も落ち着いており、堂々とした雰囲気。

サセックス・スパニエル

SUSSEX SPANIEL

▸ 原産地	イギリス
▸ 誕生	19 世紀
▸ 体重	23kg 程度
▸ 体高	38 ～ 41cm
▸ カラー	鮮やかなゴールデン・レバー
▸ 被毛のタイプ	平らに寝た豊かなダブルコート

眉毛がキュートな珍しい犬種

18 世紀後半～ 19 世紀中頃に、イギリスのサセックス地方のブリーダーが繁殖を行い、狩猟および愛玩用として発達させたといわれる。現在アメリカではほとんど見かけず、イギリスでも珍しい犬種のひとつとなっている。

胴長短足で筋肉質の身体つきに、レバーゴールド色の豊かな被毛。目の上に長い眉毛があるのが特徴。頑固な面もあるが、基本的にはのんきで明るい性質。子どもとも仲良しになれる。

スパニッシュ・ウォーター・ドッグ

SPANISH WATER DOG

▸ 原産地	スペイン
▸ 誕生	中世
▸ 体重	オス 18 ～ 22kg、 メス 14 ～ 18kg
▸ 体高	オス 44 ～ 50cm 程度、 メス 40 ～ 46cm 程度
▸ カラー	ホワイト、ブラック、チェスナットなど
▸ 被毛のタイプ	ウール状の巻き毛

牧羊から漁業まで多目的に働いた

イベリア半島で大昔から人々の仕事を手伝ってきた犬種。アンダルシア地方では主に牧羊犬として使役されていたが、ほかにも湾内での漁船の牽引や魚の回収、ハンターが撃ち落とした水鳥の回収などに携わっていた。強健で筋肉質の身体を持ち、泳ぎが得意。水中作業に適した巻き毛は伸びると太い縄状になる。

気質は、忠実で穏やか。学習能力が高く、作業意欲にあふれている。

チェサピーク・ベイ・レトリーバー

CHESAPEAKE BAY RETRIEVER

▸ 原産地	アメリカ合衆国
▸ 誕生	20 世紀
▸ 体重	オス 29.5 ～ 36.5kg、 メス 25 ～ 32kg
▸ 体高	オス 58 ～ 66cm、メス 53 ～ 61cm
▸ カラー	ブラウン、セッジ、枯草色など
▸ 被毛のタイプ	厚みのある短いダブルコート

レトリーバー種で唯一のアメリカ産

多くのレトリーバーはイギリス原産であるなか、唯一のアメリカ産。チェサピーク湾で難破したイギリス船の船長が救助の謝礼として贈った犬が祖先といわれるが、定かではない。カーリーコーテッドやフラットコーテッドのレトリーバーが犬種固定のために使用された。

羊毛状の下毛は油分を含み、冷たい水から身を守る。地上でも水中でも活躍できる回収犬。性質は陽気で理解力があり、穏やか。

フィールド・スパニエル

FIELD SPANIEL

▸ 原産地	イギリス
▸ 誕生	19 世紀
▸ 体重	18 ～ 25kg
▸ 体高	45.7cm 程度
▸ カラー	ブラック、レバー、ローンおよび、いずれかにタン・マーキングのあるもの
▸ 被毛のタイプ	光沢のあるシルク状の長毛

愛好家に再興されたスパニエル

1800 年代の終わり、ドッグショーのフィールド・スパニエル部門では胴長短足が良しとされていた。極端な体型変化が進んだことで 20 世紀に入る頃には狩猟能力が失われ、第二次世界大戦を経て絶滅寸前にまで衰退。愛好家がこの事態を嘆き、スプリンガー・スパニエル、サセックス・スパニエルをかけ合わせて犬種を再建した。現在では均整の取れた体格。飼い主との協調を好み、落ち着きがある。

ロマーニャ・ウォーター・ドッグ

ROMAGNA WATER DOG

▸ 原産地	イタリア
▸ 誕生	19 世紀
▸ 体重	オス 13 ～ 16kg、メス 11 ～ 14kg
▸ 体高	オス 43 ～ 48cm 程度、メス 41 ～ 46cm 程度
▸ カラー	オフホワイト、オレンジ・ローンなど
▸ 被毛のタイプ	硬く巻いた上毛を持つダブルコート

トリュフも麻薬も逃さない

エミリア＝ロマーニャ州の湿地帯で、水鳥猟に携わっていた。現地では湿地（ラグーン）から派生した「ラゴット・ロマニョーロ」という名で呼ばれる。1800 年代、湿地帯の干拓で水鳥猟が廃れ、代わりに丘陵でトリュフを探す役目を担うことに。優れた嗅覚を活かし、爆弾や麻薬の探知犬としても活躍している。被毛の色は薄く、鼻の色もピンクやブラウンなど淡い色調。ほがらかで友好的。訓練性能も高い。

\ EPILOGUE /

あなたにマッチする犬種を選ぶための10ヵ条

犬の魅力や特徴は、犬種ごとに多種多様。
家族の一員として迎えるなら、自分の生活と照らし合わせて考えて。

1 15年ともに暮らせるか、ライフプランと照らし合わせる

犬の平均寿命はサイズや犬種によって異なるものの、およそ15歳といわれている。15年ともなればその間に、転職や引っ越し、結婚などの大きなライフイベントが起こる可能性が高い。生活環境が大きく変化したとしても変わらず飼育できるか、人生設計と照らし合わせて考えてみよう。

2 生活スタイルに合う犬種を選ぶ

例えばマンションで暮らしているなら、大型犬の飼育スペースを確保するのは難しいことも。仕事で留守が多く犬にかまう時間がなかなか取れない場合、愛情要求の高い犬を飼うとストレスがかってしまう可能性が。住居や働き方など、今の生活スタイルに合う犬種を考えてみよう。

3 ブームに乗らない！人気と飼いやすさは分けて検討する

今人気のある犬種が、初心者向けの犬種とは限らない。かつてさまざまな犬種が一世を風靡したものの、しつけが難しかったり、膨大な運動量を必要とするなど、飼いやすいとはいいがたい特徴を持つ場合も多かった。後になって飼い切れなくなるという事態を避けるため、流行に左右されずに検討したい。

4 自分と似た性格の犬種を探す

飼い犬は、生活のなかで多くの時間を共有する「相棒」になる。自分と似た行動特性を持つ犬種を選べば、お互いペースを大きく乱されることなく、ストレスフリーで過ごすことができる。逆に正反対の性格の犬種を選ぶと、どちらかが無理をすることになるので注意したい。

5 オスかメスかは、リスクを含めて決める

概してオスは、身体が大きく筋肉質でやんちゃ、気が強いところがある。一方メスは、マイペースで比較的穏やかなものの、半年に一度の生理がある。また、それぞれになりやすい病気や、去勢・不妊手術を行う際の注意点もある。性別ごとの魅力とリスクをすべて洗い出し、比較検討しよう。

6 本当の姿を知りたいなら、今飼っている人と交流を

犬は人の仕事を手伝うために改良されてきたため、身体能力や性質には犬種ごとに特徴がある。とはいえ、個体差もあるので、一概にそうとはいいきれないことも。本当の姿を把握したいなら、今現在その犬種を飼っている人と交流を持ち、話を聞いたり実際に犬と触れ合ったりして情報収集を。

7 初めてならブリーダーから出自のわかる犬を

ブリーダーからであれば、病気や問題行動などのリスクがより少ない血統の確かな子犬を迎えることができる。親犬を見せてもらえる場合が多く、子犬が成長した姿をイメージしやすいというメリットも。育てていくうえで何かあったときは、その犬種の専門家にアドバイスをもらえるのも安心。

8 生涯コストを計算し、最後まで面倒を見る

食費をはじめ、生活にまつわるグッズ代、トリミング代、予防接種代や治療費まで。犬を飼う際に生涯でかかる費用は、平均250万円ほどといわれている(「2022年全国犬猫飼育実態調査結果」より)。大病を患ったり介護をすることになれば、高額になる可能性も。あらかじめ計算し、備えておきたい。

9 レアカラーやデザイナードッグはリスクがあることも

突然変異的に誕生した珍しい毛色の犬は、通常とは異なる遺伝子上の特徴を持つため、健康的な問題が生じる可能性が高いといわれている。また、他犬種同士の交配によって作り出された「デザイナードッグ」は、犬種ならではの特性や遺伝子疾患などを予測しづらい。個性的な見た目が人気ではあるが、リスクがあることを知ったうえで迎え入れたい。

10 上手に愛情深く育てれば、犬との未来は変わる

犬はもともと、人間のそばで生きてきた動物。どんな犬種であっても、犬種ごとの特性を理解したうえで、その犬の個性にもよく注目し、誠意を持って付き合えば、信頼できるパートナーになってくれる。相棒との未来を楽しみに、愛情深く育てよう。

索引

ア

カ

サ

タ

ナ

ハ

マ

ヤ

ワ

参考文献

『犬：その進化，行動，人との関係』（緑書房）
『犬の写真図鑑』（日本ヴォーグ社）
『犬の事典』（DHC出版事業部）
『イヌの心理』（ナツメ社）
『イヌの本音』（ナツメ社）
『犬種大図鑑』（ペットライフ社）
『JKC全犬種標準書第10版』（ジャパンケネルクラブ）
『世界の犬図鑑』（山と渓谷社）
『増補改訂 最新 世界の犬種大図鑑』（誠文堂新光社）
『はじめてでも失敗しない 愛犬の選び方』（幻冬舎）

【レーダーチャートで使用したデータについて】

● 調査の概要……調査では、ジャパンケネルクラブが公表した登録頭数（1999～2003年の平均値）をもとに56犬種を選択。全国の獣医師96名に、ランダムに選択された7犬種をそれぞれ割り当て、14項目において行動特性の評価を得た。なお同項目に関しては、雌雄差についても評価を得ている。本書では調査対象の56犬種のうち、日本で多く飼育されている53犬種を選択し、14項目の数値をそれぞれチャート化した。掲載した53犬種についての全項目の数値は以下の通り。

犬種名	飼い主への攻撃性	子どもへの攻撃性	他犬への攻撃性	縄張り防衛	警戒吠え
アイリッシュ・セター	2.64	2.98	3.56	2.93	2.89
秋田	4.29	4.84	5.86	4.92	3.92
アフガン・ハウンド	6.40	3.92	3.99	3.49	3.09
アメリカン・コッカー・スパニエル	4.01	4.43	3.98	3.92	3.41
イタリアン・グレーハウンド	2.88	2.88	2.22	2.02	2.78
イングリッシュ・コッカー・スパニエル	4.62	4.07	4.44	3.10	3.07
イングリッシュ・スプリンガー・スパニエル	3.92	4.11	4.39	4.06	4.34
ウエスト・ハイランド・ホワイト・テリア	3.94	4.95	4.22	3.94	4.39
ウェルシュ・コーギー・ペンブローク	6.24	6.29	6.49	5.82	5.10
キャバリア・キング・チャールズ・スパニエル	3.19	2.60	2.25	2.30	3.31
グレート・デーン	3.80	2.80	4.00	4.00	2.00
グレート・ピレニーズ	3.99	3.03	3.30	3.68	3.87
ケアーン・テリア	5.43	5.71	5.88	5.31	5.50
ゴールデン・レトリーバー	2.45	2.53	2.43	2.02	2.68
シー・ズー	3.38	4.35	2.63	2.98	2.66
シェットランド・シープドッグ	3.32	3.63	4.08	4.65	6.14
柴	5.55	5.64	6.29	6.23	6.15
シベリアン・ハスキー	4.45	4.78	4.49	4.48	3.62
ジャーマン・シェパード・ドッグ	3.47	3.35	4.77	6.04	5.76
ジャック・ラッセル・テリア	4.91	5.09	4.46	4.73	5.33
スコティッシュ・テリア	5.03	4.73	4.81	4.23	3.79
セント・バーナード	2.09	1.73	2.32	2.36	2.09
ダルメシアン	4.10	4.03	4.55	4.46	3.75
チワワ	5.55	6.36	4.18	4.59	4.72
狆	3.19	3.50	2.63	1.50	3.19
トイ・プードル	3.34	3.83	2.76	3.13	3.95
ドーベルマン	3.25	4.85	5.30	5.89	5.64
日本スピッツ	4.31	4.58	5.16	4.54	4.20
ニューファンドランド	2.89	2.00	2.50	2.89	1.89
バーニーズ・マウンテン・ドッグ	3.81	2.76	3.46	4.91	3.88
パグ	3.19	2.55	2.70	2.54	3.56
バセット・ハウンド	3.52	3.03	2.40	2.79	1.73
パピヨン	5.39	5.13	5.13	4.56	5.43
ビーグル	4.26	4.27	4.21	3.89	5.44
ビション・フリーゼ	2.26	3.50	3.08	2.04	2.54
フラットコーテッド・レトリーバー	2.32	2.34	2.03	2.50	3.06
ブルドッグ	2.99	2.66	2.75	3.24	1.81
フレンチ・ブルドッグ	3.53	3.51	3.63	2.76	3.53
ペキニーズ	3.28	3.60	2.33	3.37	2.49
ボーダー・コリー	3.98	4.39	4.08	4.86	5.06
ボクサー	3.69	3.44	4.89	5.48	3.79
ボストン・テリア	4.44	2.84	3.12	2.99	3.28
ポメラニアン	4.62	5.24	4.30	4.34	4.87
ボルゾイ	2.93	2.15	2.36	3.53	2.56
マルチーズ	4.92	5.58	4.85	4.27	4.64
ミニチュア・シュナウザー	4.43	4.64	4.33	4.14	5.02
ミニチュア・ダックスフンド	4.27	4.54	3.79	4.50	4.88
ミニチュア・ピンシャー	5.57	6.57	6.40	6.41	6.29
ミニチュア・ブル・テリア	5.78	4.28	5.39	5.44	4.28
ヨークシャー・テリア	5.23	5.02	5.63	5.03	5.48
ラブラドール・レトリーバー	2.59	2.23	2.51	2.18	3.00
ロットワイラー	3.29	3.71	4.86	5.00	2.50
ワイアー・フォックス・テリア	5.79	5.30	5.69	5.18	4.17

●調査に参加していただいた獣医師の概要
男性：58名
女性：38名
平均臨床歴：14.5年（1～50年）

評価地域：東京（23）、大阪（17）、神奈川（12）、千葉（8）、北海道（6）、兵庫（5）、愛知（4）、埼玉・京都（各3）、新潟・福岡（各2）、茨城・岡山・沖縄・岩手・宮崎・九州・広島・滋賀・静岡・長崎・長野（各1）

無駄吠え	破壊性	興奮性	活動性	遊び好き	愛情要求	他人へのひとなつこさ	服従訓練のしやすさ	トイレのしつけやすさ
3.05	5.34	4.28	5.47	5.47	4.41	5.13	5.23	3.64
2.76	3.13	2.60	2.47	1.50	1.61	1.42	4.29	4.59
2.32	3.10	3.47	3.76	2.58	2.02	2.63	2.89	3.79
4.57	4.61	4.20	4.15	4.43	3.68	4.02	4.49	3.85
2.48	1.83	2.86	4.53	2.76	2.39	2.47	3.60	3.85
3.37	4.96	4.34	3.68	3.18	2.97	4.11	3.62	3.31
4.05	3.71	4.16	4.96	4.47	4.21	4.24	4.57	4.10
4.65	4.98	4.35	4.02	4.38	3.76	4.18	3.29	3.03
5.04	6.05	5.25	5.33	5.77	5.63	3.79	4.15	3.54
3.87	3.27	3.03	3.12	4.66	5.93	6.03	4.05	3.96
2.60	3.50	2.50	3.00	1.83	1.83	2.83	5.17	5.00
2.89	4.04	2.48	1.58	1.68	2.56	3.39	3.54	3.71
5.28	5.71	4.88	4.75	4.86	3.43	3.19	3.86	3.78
3.08	4.53	3.21	3.60	6.32	5.61	6.58	5.96	6.33
3.45	3.20	3.82	2.53	4.29	5.62	5.68	3.41	3.44
5.98	3.59	5.19	5.53	5.49	4.23	4.28	5.63	4.56
5.16	3.98	4.86	3.90	3.49	3.12	1.71	3.17	4.25
3.55	4.15	3.02	4.39	2.89	2.44	2.87	3.54	3.77
3.46	3.93	3.13	3.98	2.96	2.02	2.63	5.73	3.93
5.18	5.50	5.71	5.82	5.75	4.80	3.95	3.02	3.32
3.73	4.00	4.98	3.10	3.50	3.16	2.31	3.72	3.33
1.82	3.36	1.59	1.50	1.75	1.76	3.73	4.26	3.65
3.32	5.39	4.97	5.43	5.08	3.57	4.47	3.38	4.06
5.05	2.85	5.43	3.86	3.57	5.56	3.04	2.43	4.08
2.50	2.00	2.13	1.88	2.56	3.51	4.29	3.76	4.68
4.71	3.28	4.12	4.48	4.87	6.09	5.55	5.10	4.71
3.81	4.11	4.29	5.43	3.08	3.17	2.99	6.25	4.25
5.01	3.66	4.26	4.40	3.87	3.48	3.32	3.40	4.40
1.78	3.50	2.39	2.22	2.44	2.72	3.06	4.72	3.31
3.15	4.23	2.72	2.50	2.93	3.53	3.67	3.27	2.90
3.78	3.91	4.40	3.18	5.01	4.33	5.05	3.50	4.91
2.55	3.60	1.50	1.25	1.84	2.15	2.34	2.39	3.04
5.44	3.88	5.11	5.39	5.02	5.24	4.83	3.65	4.33
6.04	5.79	5.79	4.79	4.26	4.62	4.85	4.16	4.09
3.42	2.81	3.40	3.46	3.63	4.13	4.93	3.66	4.49
2.87	4.77	3.39	4.92	5.90	4.72	5.97	5.80	5.53
1.33	2.27	1.73	1.40	1.93	2.78	2.56	3.49	2.30
4.07	4.00	3.89	4.04	4.52	4.56	5.10	3.34	3.61
3.39	2.12	3.32	2.37	2.19	2.59	3.87	2.51	3.96
4.93	4.29	5.04	6.75	6.18	3.98	4.59	5.44	4.40
2.36	3.37	2.93	4.47	2.62	2.91	3.27	4.81	3.66
2.87	4.24	4.27	4.64	4.55	5.04	4.95	3.97	4.16
6.21	2.45	5.15	4.05	3.73	5.60	3.85	2.73	3.81
1.50	2.19	2.00	2.43	1.55	1.94	2.74	4.89	5.33
6.25	3.68	4.47	3.72	4.22	5.71	4.40	3.99	4.17
4.52	4.55	4.53	4.43	4.51	3.79	3.96	4.35	3.92
5.96	3.63	5.33	4.83	4.67	6.21	5.67	4.29	3.90
5.60	4.60	5.56	5.79	4.76	5.20	2.45	2.48	4.00
3.06	4.61	3.56	3.44	3.78	2.39	2.17	1.89	2.81
6.07	3.81	5.42	4.99	4.76	5.53	4.21	3.35	4.36
4.58	5.50	4.55	5.47	6.53	6.17	6.33	6.54	4.20
3.00	4.71	2.71	2.50	3.00	3.21	2.86	4.64	4.14
4.13	5.25	5.27	5.60	4.65	4.07	3.85	2.83	3.87

監修者　**武内ゆかり**（たけうち　ゆかり）

東京大学大学院農学生命科学研究科教授。1987年東京農工大学農学部卒業。89年同大学大学院修士課程修了後、国立精神・神経センター神経研究所流動研究員、東京大学農学部獣医動物行動学研究室助手を経て、96年博士（獣医学）号を取得。98年から99年にかけて、米コーネル大学およびカリフォルニア大学デービス校獣医学部に留学。帰国後は研究のかたわら、東京大学大学院農学生命科学研究科附属動物医療センターにて犬や猫の行動診療を実施。2017年より現職。

写真　福田豊文/U.F.P.写真事務所：p20-37、p48-52、p54、p70-77、p94-108、p124-132、p134下段、p148-152、p160-164、p172-174、p184-191
Estrela Mountain Dog, bitch©gailhampshire/CC BY 2.0：p115上段
Zuchthound©kimberley1979/CC BY-NC-SA 2.0：p154下段
Shutterstock.com：上記以外

本文デザイン　伊藤悠
本文イラスト　さいとうあずみ
校正　滄流社
編集協力　浅田牧子、高野恵子、寺本彩、中山恵子、オフィス201
編集担当　横山美穂（ナツメ出版企画）

本書に関するお問い合わせは、書名・発行日・該当ページを明記の上、下記のいずれかの方法にてお送りください。
電話でのお問い合わせはお受けしておりません。
・ナツメ社webサイトの問い合わせフォーム
https://www.natsume.co.jp/contact
・FAX（03-3291-1305）
・郵送（下記、ナツメ出版企画株式会社宛て）
なお、回答までに日にちをいただく場合があります。正誤のお問い合わせ以外の
書籍内容に関する解説・個別の相談は行っておりません。あらかじめご了承ください。

ナツメ社Webサイト
https://www.natsume.co.jp
書籍の最新情報（正誤情報を含む）はナツメ社Webサイトをご覧ください。

ルーツと特性を知ればもっと好きになる
日本と世界の犬種図鑑

2023年12月6日　初版発行

監修者　武内ゆかり
発行者　田村正隆
発行所　株式会社ナツメ社
東京都千代田区神田神保町1-52（〒101-0051）
電話　03（3291）1257（代表）
FAX　03（3291）5761
振替　00130-1-58661
制作　ナツメ出版企画株式会社
東京都千代田区神田神保町1-52（〒101-0051）
電話　03（3295）3921（代表）
印刷所　ラン印刷社

ISBN978-4-8163-7454-8